国家自然科学基金青年基金项目

《生态正义对城市绿地布局的影响机制及发展预测研究——以日照市主城区为例》（51808320）资助。

生态正义导向下的城乡绿地布局理论与实践

THEORY AND PRACTICE OF URBAN GREEN SPACE LAYOUT UNDER THE GUIDANCE OF ECOLOGICAL JUSTICE

王洁宁　著

U0176599

中国建筑工业出版社

审图号：鲁 SG（2024）003 号

图书在版编目（CIP）数据

生态正义导向下的城乡绿地布局理论与实践 =
THEORY AND PRACTICE OF URBAN GREEN SPACE LAYOUT
UNDER THE GUIDANCE OF ECOLOGICAL JUSTICE / 王洁宁
著 . —北京：中国建筑工业出版社，2024.2
ISBN 978-7-112-29453-4

Ⅰ.①生… Ⅱ.①王… Ⅲ.①绿化规划 Ⅳ.
① TU985

中国国家版本馆 CIP 数据核字（2023）第 244925 号

责任编辑：黄习习
责任校对：姜小莲
校对整理：李辰馨

生态正义导向下的城乡绿地布局理论与实践

THEORY AND PRACTICE OF URBAN GREEN SPACE LAYOUT UNDER
THE GUIDANCE OF ECOLOGICAL JUSTICE

王洁宁　著

*
中国建筑工业出版社出版、发行（北京海淀三里河路 9 号）
各地新华书店、建筑书店经销
北京雅盈中佳图文设计公司制版
北京中科印刷有限公司印刷
*
开本：787 毫米 × 1092 毫米　1/16　印张：$13\frac{1}{4}$　字数：255 千字
2023 年 12 月第一版　2023 年 12 月第一次印刷
定价：**68.00** 元
ISBN 978-7-112-29453-4
（42111）

　　城市绿地作为城市用地的重要组成部分，对城市生态环境改善、居民生活福祉提升、城市景观风貌塑造等发挥着重要作用。人们对城市绿地的研究始终紧跟国家发展需求，从21世纪初追求绿地数量提升，有效缓解城市热岛效应，到关注结构性绿地的空间布局，科学改善城市环境质量，再到适应社会公平正义的需求，研究城市绿地的均衡性和可达性。党的二十大报告指出"继续推进实践基础上的理论创新，首先要把握好新时代中国特色社会主义思想的世界观和方法论，坚持好、运用好贯穿其中的立场观点方法"。生态正义要求人类的生产生活应当无害于人与自然共生关系的可持续发展，是马克思主义生态价值观的中国化、时代化，是生态文明建设的重要价值体现。因此，生态正义将成为新时代城市绿地布局的价值导向，引领人与自然和谐共生的中国式现代化建设，适应生态文明的时代发展需求。然而，如何将生态正义价值体系全面融入城市绿地布局中成为当前需要面对的一个技术瓶颈问题。

　　王洁宁的著作基于她的博士论文研究，并受到国家自然科学基金委员会的资助。在攻读博士期间，她为这项研究投入了很多精力，阅读了大量的国内外文献资料，并在实践中不断摸索，终形成本书的成果。这部著作从价值观入手，梳理了国内外城市绿地布局的多种价值观念，从而引出生态正义价值观，并进行了较为全面的价值体系构建。另一方面梳理了多学科交叉的城市绿地布局理论，介绍了理论创新的思路与方法。最后，剖析了生态正义对城市绿地布局的影响机制，并通过模拟预测的技术手段来刻画和观察生态正义导向下的城市绿地布局，进而总结归纳了生态正义导向下的城市绿地布局原则与发展策略。

　　随着各级国土空间总体规划的陆续报批，城市绿地专项规划将迎来修编高潮。在正确传导总体规划的同时，城市绿地系统规划的理论与技术创新势在必行。这部著作对城市绿地布局的价值观作了有益的探索，拓宽了城市绿地的研究视野；同时，模拟预测技术的应用对新时代城市绿地的智能规划和科学决策具有一定的借鉴意义。

王浩

南京林业大学校长

2022 年 6 月 27 日

　　人类所具有的价值观念是一切实践行为的出发点和落脚点，是人类与自然关系互动的隐性逻辑。2012年11月中国共产党第十八次全国代表大会报告中提出了社会主义核心价值观。次年，中共中央办公厅印发了《关于培育和践行社会主义核心价值观的意见》，提出"培育和践行社会主义核心价值观是全社会的共同责任"。生态正义要求人类的生产生活应当无害于人与自然共生关系的可持续发展，是生态文明建设的重要价值体现，是社会主义核心价值观中"自由、平等、公正、法治"在风景园林学科与行业中的具体价值体现。城乡绿地的空间布局是风景园林学科的核心研究内容之一。生态正义价值观如何影响城乡绿地空间布局，是生态文明建设需要解决的基本问题，也是本研究需要回答的难点问题。而生态正义为什么能影响城乡绿地布局，生态正义导向下的城乡绿地布局与当前的城乡绿地格局有什么差异，如何引导城乡绿地布局向生态正义方向发展，是本研究需要解决的关键问题。

　　依据研究对象的内在规律，本书按照从认识论到方法论再到实践论的顺序展开研究。首先，通过文献调研、多维度比较分析等方法，厘清了生态正义的概念、内涵与价值体系。其次，采用文献计量法、地理探测器（GeoDetector）归因分析等方法，对城乡绿地布局的影响因素进行理论归因和实证归因，分析各影响因子的相关性及解释力，确定城乡绿地布局的主要影响因子。第三，通过概念演绎法、分类归纳法、定性与定量分析法等，对城乡绿地进行基于生态正义观的定性分类，耦合生态正义价值体系与城乡绿地布局外部影响因子，从价值驱动力、影响逻辑、作用路径等方面辨明生态正义对城乡绿地布局的影响机制。第四，采用设计性研究法，在GeoSOS-FLUS

模型支持下，模拟预测山东省日照市主城区绿地布局的多情景时空发展；在 PLUS 模型支持下，模拟预测济南市行政区城乡绿地双情景时空发展。最后，采用多维度比较法，从数量变化和空间分布等方面对多情景预测结果进行对比分析，进一步将前述理论成果与模拟预测结果进行关联，观察生态正义约束条件下城乡绿地的发展规律，验证并总结生态正义驱动下的城乡绿地布局原则与策略。

本书第 3 章和第 4 章对城乡绿地布局影响因素进行研究，其目的是回答生态正义为什么能影响城乡绿地布局的问题。从城乡绿地布局理论出发，在多学科交叉视角下，研究了游憩学、生态学、地理学、形态学、气象学、防灾学、社会学导向下的城乡绿地布局及其主要影响因素。再通过文献计量法，用统计数据加以论证。理论研究发现：地形地貌、水文条件、气候条件等 3 项自然影响因素和城市空间布局、历史文化、经济发展、人口密度、公共政策等 5 项人文影响因素是城乡绿地布局的主要影响因素。选取城市发展与绿化建设经历了中国快速城镇化完整过程的山东省日照市主城区为实证案例地，利用日照市主城区典型的城乡绿地空间分异性，发挥地理探测器的工作原理优势，从更为直观的空间角度探索了城乡绿地布局的主导因素。实证研究发现：自然因素是城乡绿地布局的约束影响因子，经济是城乡绿地发展的驱动影响因子，公共政策是城乡绿地布局与发展的关键影响因子。因此，生态正义作为社会主义核心价值观的重要体现，势必会转化为公共政策，成为引导城乡绿地建设的主流价值观之一，从而影响城乡绿地布局。

本书第 2 章和第 5 章对生态正义的价值理念和影响机制进行研究，其目的是回答生态正义是怎样影响城乡绿地布局的问题。研究发现：生态正义表现为以生态环境为中介的人与人之间权利和义务关系，包含代内正义和代际正义两个层面。基于生态正义价值理念，演绎出其对城乡绿地布局的价值驱动力，即公平性、补偿性和继承性，进而推演出影响城乡绿地布局的基本逻辑，即平等分配城乡绿地资源、平等履行城乡绿化义务、合理分担城乡生态损害赔偿责任、正当保护与修复城乡自然生境。根据生态正义的价值内涵，对城乡绿地进行重分类，提出游憩型绿地、反哺型绿地、补偿型绿地、保育型绿地的概念。用城市公园服务半径覆盖率、城市各类用地绿地率、防护绿地实施率等指标加以测度，从定性和定量两方面解析了生态正义对城乡绿地布局的影响机制。最终提出生态正义驱动下的城乡绿地布局原则，即以普惠公平为前提，以开放系统为目标，空间上全覆盖，时间上可持续。

本书第 6 章和第 7 章将各类绿地的生态正义空间测度指标转化为生态正义的约束规则，进行城乡绿地发展模拟与预测实证研究。对比日照市主城区自由发展情景、经济优先情景、生态正义情景的发展预测的结果发现：①生态正义情景中，保育型绿地的增加量是三种预测情景中的最高值，反映出生态正义观对自然生态空间自发生长规律的尊重与保护。②补偿型绿地在生态正义情景中减少了在城郊的增长规模，更多分布在城市内部的交通干线两侧，反映出生态正义观优先考虑对建成区生态环境损害的就地补偿。③生态正义情景中，水域和未利用土地的减少量是三种预测情景中的最低值，反映出生态正义观对自然水域和不可建设用地的极少干预，保留城市中的自然空间，疏解建成区的建筑比例，营造向好的生态发展态势。最后，基于理论与实证研究，提出了生态正义驱动下的日照市主城区绿地布局策略：绿地空间总量控制与建设引导、中小型游憩绿地的均匀分布、反哺型绿地与城市建设用地的同步增长、建成区补偿型绿地的就地增建、保育型绿地的规模保障、近郊破碎农田斑块的生态正义转型。对比济南市行政区自由惯性发展情景和生态保护发展情景的预测结果发现：①城市发展依然需要人造地表的空间扩展，双情景的变化地类相同，但规模不同，生态保护发展情景的用地变化率相对较小。②湿地水体作为不可建设用地，受人类活动影响小，在自然作用下缓慢增长。③未利用地在双情景中出现了增减差异，自由惯性发展情景存在土地浪费现象，而生态保护发展情景实现了未利用地的负增长。最后提出济南市城乡绿地发展策略：以保护黄河下游和泰山北麓的生态安全格局为城乡绿地发展目标，聚焦未利用地的发展研究，集约高效利用土地。

本研究将生态正义价值观有效渗透到城乡绿地布局理论与实践中，为生态文明建设背景下的城乡绿地科学发展指明了发展驱动力和空间落脚点，拓展了城乡绿地布局的价值观和方法论，实现了城乡绿地布局影响因素的空间归因分析，构建了基于生态正义约束规则的城乡绿地发展模拟与预测模型，为新时代国土空间规划和智慧城市建设探索了技术方法，积累了实践经验。

目　录

1

导　论

1.1　研究背景

　　绿地作为城乡用地的重要组成部分，对城乡生态环境改善、居民生活福祉提升、城乡景观风貌塑造等方面发挥着重大作用。人们对城乡绿地的研究始终紧跟国家发展需求，从 21 世纪初追求绿地数量提升，改善城市热岛效应，到关注结构性绿地的空间布局，提升城乡环境质量，再到适应社会公平正义的需求，研究城乡绿地的均衡性和可达性。然而，越来越精细化、多学科交叉化的研究似乎忽略了城乡绿地自身的价值核心与研究边界，出现了价值体系构建与实践路径指导的瓶颈问题。

　　中国共产党第二十次全国代表大会报告指出，继续推进实践基础上的理论创新，首先要把握好新时代中国特色社会主义思想的世界观和方法论，坚持好、运用好贯穿其中的立场观点方法 [1]。价值观是人认定事物、辨定是非的一种思维 [2]，是对现实利益的切实反映和自觉追求，并时刻支配着人的思想倾向和行事方式 [3]。只有价值判断认为是可取的，才能成为行为动机，引导人们的行为。因此，在人类与自然的关系中，人们所具有的价值观念是一切实践行为的根本动机，是人类与自然关系互动的隐性逻辑。

　　生态文明建设背景下，当代马克思主义哲学将国际上的环境正义（Environmental Justice）思想拓展到人与自然融合发展的研究范畴，结合中华民族天人合一的宇宙观提出了生态正义价值观。生态正义要求人类的生产生活应当无害于人与自然共生关系的可持续发展，是马克思主义生态价值观的中国化、时代化，是生态文明建设的重要价值体现，是具有"人与自然和谐共生"特征的中国式现代化建设的直接价值体现 [4]。面对世界百年未有之大变局，生态正义将成为新时代城乡绿地布局的价值导向，引领人与自然和谐共生的中国式现代化建设，进一步丰富城乡绿地布局的价值体系。

1.2　研究意义

1.2.1　生态正义是风景园林学科落实社会主义核心价值观的具体体现

　　2012 年 11 月 8 日中国共产党第十八次全国代表大会报告中提出了 24 字的社会

主义核心价值观，即富强、民主、文明、和谐，自由、平等、公正、法治，爱国、敬业、诚信、友善，分别从国家、社会和个人三个层面提出了凝聚全党全社会的价值准则。中共中央总书记习近平指出，人类社会发展的历史表明，对一个民族、一个国家来说，最持久、最深层的力量是全社会共同认可的核心价值观。培育和践行社会主义核心价值观，有利于巩固全党全国人民团结奋斗的共同思想基础，有利于促进人的全面发展、引领社会全面进步，有利于集聚全面建成小康社会、实现中华民族伟大复兴中国梦的强大正能量[5]。2013 年 12 月 23 日，中共中央办公厅印发了《关于培育和践行社会主义核心价值观的意见》，要求"把培育和践行社会主义核心价值观落实到经济发展实践和社会治理中""培育和践行社会主义核心价值观是全社会的共同责任"[5]。

风景园林学科是研究人类居住的户外空间环境、协调人和自然之间关系的一门复合型学科[6]，是人居环境科学的三大支柱之一。在中国风景园林学科发展大会暨风景园林学科创立七十年纪念会上，吴良镛院士认为，风景园林身系国计民生，肩负"重整山河"、创造生态文明之重任；吴志强院士认为，风景园林应挖掘和复兴人与自然和谐相处的智慧，守护中华文明、推广生态文明。

生态正义是以生态环境为中介的人与人之间权利和义务关系，具有公平性、补偿性和继承性，包含代内正义和代际正义两个层面。将生态正义价值观有效渗透到风景园林行业建设与发展中，有利于落实社会主义核心价值观的行业教育和基层实践，有利于强化风景园林行业的生态文明价值内核与社会责任担当。

1.2.2　城乡绿地的生态正义布局将助力国土空间规划

中国在很长一段时间内对城乡绿化考核指标只注重城乡绿地数量，而忽视了城乡绿地空间布局的合理性。中国共产党第十九次全国代表大会报告中，用了"生态廊道和生物多样性保护网络""空间格局"等词语来诠释生态文明，反映出我国对自然资源从关注数量到关注空间的转变。2019 年 5 月，中共中央、国务院印发《关于建立国土空间规划体系并监督实施的若干意见》，体现了提升国家空间治理能力的制度设计，是生态文明新时代背景下国土空间规划体系的顶层设计和总体框架。"生态优先"原则下的国土空间规划价值排序为：生态系统的安全性，生态功能的优化，各类资源的挖掘、梳理与整体设计[7]。本次研究的城乡绿地是广义绿地的概念，即国土空间中的生态空间内涵。因此，城乡绿地的规划布局是国土空间规划的重要内容之一，应遵循国土空间规划的价值理念。

通常认为，结构产生功能，功能反映结构，一个系统的功能是各要素在结构中运动的结果[8]。有学者研究发现，当城市绿地率小于 40% 时，绿地之间的空间组合形式尤其重要[9]，不同结构和布局的城乡绿地，其发挥的功能效益也大相径庭。要在有限的城市空间中充分发挥绿地的生态服务功能，应从绿地的空间布局入手，研究适应可持续发展理念的城乡绿地科学布局。

在生态正义价值观导向下的城乡绿地布局，能够站在历史发展的时间轴线上考虑当代人与后代人利用自然资源的公平正义，能够站在空间公平的角度引导生态资源的分配与生态损害赔偿责任的分担，能够站在人与自然和谐相处的角度保护生态系统的安全，最大化发挥生态服务功能。因此，城乡绿地的生态正义布局是尊崇自然、绿色发展的新模式，将助力国土空间规划，实现国土空间的生态文明发展愿景。

1.2.3　城乡绿地模拟与预测技术将助推智慧城市发展

信息化革命是 20 世纪 80 年代以来世界发展的最重要特征，极大地推动了人类的发展进程。21 世纪新一代信息技术的发展使城市形态研究从数字化转向了智能化。2014 年 8 月，经国务院同意，发展改革委、工业和信息化部、科学技术部、公安部、财政部、国土资源部、住房城乡建设部、交通运输部等八部委联合印发《关于促进智慧城市健康发展的指导意见》，明确了智慧城市的新理念和新模式，即运用物联网、云计算、大数据、空间地理信息集成等新一代信息技术，促进城市规划、建设、管理和服务智慧化。智慧城市的建设对加快工业化、信息化、城镇化、农业现代化融合，提升城市可持续发展能力具有重要意义[10]。

东南大学成玉宁教授认为，风景园林学应立足当代科学技术背景，以科学为理念、技术为支撑、文化为灵魂，用"跨学科、跨领域"的技术方法，以及"全流程、精准化"的设计实践协同，实现数字景观技术对我国风景园林学科的开拓作用[11, 12]。北京林业大学王向荣教授认为，不能回避社会和技术的进步，用以往的工具来解决今天和未来的问题，而应充分享用技术进步的成果，借助新技术的平台，让新的思想在设计中酝酿出全新的种子[13]。然而，至 21 世纪初，我国少有城市能够清晰掌握城市绿化的基础数据。随着空间信息技术的发展，利用遥感影像和地理信息系统（ArcGIS）平台，使城市绿化成果的数字化管理成为可能。近年来，元胞自动机（Cellular Automaton，CA）模型在时空动态模拟领域受到广泛关注，它与统计学方法和人工智能方法相结合，实现了对城市空间更加精确、智能的模拟预测，被广泛应用于土地利用变化、城市扩展模拟、生态和交通流模拟等领域。陈蔚镇等基于 CA 和多主体系统理论发明了一种城乡绿地动态演示模拟预测方法，实现了对城乡绿地变化的动态演化模拟，为政府和城市规划者制定用地政策提供辅助决策支持[14]。以 CA 为代表的虚拟现实技术将成为城乡绿地时空数据分析与管理的基本工具，助推中国智慧城市发展。

1.3　研究内容

（1）生态正义的价值体系

本研究首先通过文献阅读，辨析环境正义、景观公正、空间正义等与生态正义的概念差异，厘清生态正义概念，然后从罗尔斯的《正义论》入手，研究生态正义的内涵与外延。生态正义包含代内正义和代际正义两个层面。代内正义主要从空间层面探讨一定社会关系下的相对公平，包含分配资源、权益，分担义务、责任，补偿最少受惠者三方面内涵。代际正义是从时间层面探讨当代人与后代人之间对自然资源的权利与义务，是促使生态系统可持续发展的核心要义。在此基础上本研究进一步梳理生态正义的理论体系与社会实践。

（2）城乡绿地布局的理论研究

由于城乡绿地布局受自然和人文等多方面因素的影响，使规划师从不同视角入手布局城乡绿地成为可能，从而形成多种城乡绿地布局理论。本书从游憩学、生态学、地理学、形态学、气象学、防灾学、社会学等学科视角梳理学科交叉下的城乡绿地布局理论，观察城乡绿地布局理论的不同价值观，为生态正义价值观导向下的城乡绿地布局理论的研究提供借鉴与思路。

（3）城乡绿地布局影响因素探析

用文献计量法在中国知网和 Web of Science 中进行城乡绿地布局的理论归因分析，以日照市主城区为例，用地理探测器（GeoDetector）进行城乡绿地布局实证归因分析。城乡绿地具有自然属性的同时，还具有高强度的人为干扰特征。通过资料查阅和现场调研，收集影响城乡绿地布局的自然因子和人文因子。将各影响因子信息以类型量的形式输入 GIS 进行数据准备，再将经 GIS 数据处理的各自变量（X）和因变量（Y）读入地理探测器软件，运行软件后可得出自变量对因变量的解释力、不同自变量对因变量影响的差异性，以及这些自变量对因变量影响的交互作用，以此来探测影响城乡绿地布局的主要因子和各影响因子的相关性。

（4）生态正义对城乡绿地布局的影响机制研究

根据生态正义的价值内涵，探究生态正义对城乡绿地布局的价值驱动力。运用概念演绎法推演出生态正义对城乡绿地布局的影响逻辑：平等分配城乡绿地资源、平等履行城乡绿化义务、合理分担城乡生态损害赔偿责任、正当保护与修复城乡自然生境。运用分类研究法从代内正义和代际正义视角将城乡绿地分为游憩型绿地、反哺型绿地、补偿型绿地、保育型绿地四类。以四类绿地为抓手，分别从定性与定量两个方面研究生态正义对城乡绿地布局的作用路径。最后，用总结归纳法概括生态正义驱动下的城乡绿地布局原则。

（5）生态正义驱动下的城乡绿地布局发展模拟与预测

根据生态正义对城乡绿地布局的影响机制，通过对游憩型绿地的均好性布局与人均配量标准、反哺型绿地的指标体系和供需量化标准、补偿型绿地的功能布局原则与量化标准、保育型绿地的空间界定等几个关键问题的研究，构建城乡绿地发展模拟的生态正义约束规则。应用未来土地利用预测模型（Future Land Use Simulation，FLUS）进行生态正义导向下的日照市主城区绿地布局发展模拟与预测；应用斑块生成土地利用变化模拟模型（Patch-generating Land Use Simulation，PLUS）观察济南市行政区城乡绿地时空变化并模拟预测。运用多维度比较法，观察生态正义约束下城乡绿地的发展规律，验证和总结生态正义驱动下的城乡绿地布局策略。

1.4 研究目标

本研究从生态正义的视角，运用空间分析的手段去揭示城乡绿地布局的价值导向问题，为城乡绿地布局提供理论、方法与技术的系统支撑，有益于拓展城乡绿地布局的价值观和方法论，促进城乡绿地的生态服务和社会服务的协同发展，践行社会主义核心价值观。

在理论层面建立起生态正义价值理念与城乡绿地布局的联系，勾勒出生态正义对城乡绿地布局的影响机制。从生态正义视角对城乡绿地进行再分类，并对游憩型、反哺型、补偿型和保育型四类绿地的空间分布、布局原则和量化标准进行探讨，初步构建生态正义驱动下的城乡绿地布局方法。

在实践层面，从建成区和行政区两个研究范围，应用 FLUS、PLUS 等多个模拟预测模型，观察生态正义约束下城乡绿地的发展规律，验证和总结生态正义驱动下的城乡绿地布局策略。第一个实践案例基于 ArcGIS 平台构建包含日照市主城区 2010 年和 2020 年两期数据的信息数据库，集成日照市主城区的自然地理信息、人文信息和绿地信息；基于地理探测器（GeoDetector）进行日照市主城区城乡绿地布局归因分析；基于 GeoSOS-FLUS 模型模拟日照市主城区绿地布局演化过程，并预测日照市主城区 2030 年的多情景绿地布局空间发展情况。第二个实践案例以济南市行政区 2010 年和 2020 年两期数据为基础，应用 Markov Chain 模型、PLUS 模型等，观察济南市城乡绿地二十年间的变化特征，挖掘其变化的影响因子，并在生态正义驱动下模拟预测济南市 2030 年的城乡绿地发展趋势，制定济南市城市绿地可持续发展策略。

1.5　研究框架

依据研究对象的内在规律，按照从认识论到方法论再到实践论的顺序展开研究，针对不同阶段所涉及的不同内容和目标，采取不同的研究方法。

第一步，采用文献研究和田野调研相结合的方法，对国内外相关研究和实践成果进行文献整理与综述，并基于此提出总体理论假设，初步构建分项研究框架。同时，结合文献研究，收集日照市主城区的自然、人文和空间资料，在 GIS 平台下构建日照市主城区绿地信息数据库，对遥感影像中存疑的斑块进行实地调研。

第二步，采用文献计量法和地理探测器归因法，对城乡绿地布局的影响因素进行理论归因和实证归因，分析各影响因子的相关性及解释力，确定城乡绿地布局的主要影响因子。

第三步，采用概念演绎法、分类研究法和总结归纳法，研究生态正义的价值体系，对城乡绿地进行基于生态正义观的定性分类。耦合生态正义价值体系与城乡绿地影响因子，从价值驱动力、影响逻辑、作用路径等方面辨明生态正义对城乡绿地布局的影响机制。确定生态正义导向下的各类绿地的空间布局原则及配量关系。

第四步，采用设计性研究法，在 GIS 平台和 FLUS、PLUS 模拟模型的支持下，虚拟日照市主城区和济南市行政区城市建设发展条件，对比多情景预测结果，检验生态正义驱动下的城乡绿地布局约束规则，深入论证理论成果的科学性和可行性。

第五步，采用多维度比较法，从数量变化和空间分布等方面对多情景预测结果进行对比分析。进一步将前述理论成果与模拟预测结果进行关联，总结归纳出生态正义导向的城乡绿地发展策略。

参考文献

[1]　习近平：高举中国特色社会主义伟大旗帜 为全面建设社会主义现代化国家而团结奋斗——在中国共产党第二十次全国代表大会上的报告 [EB/OL]. http://www.gov.cn/xinwen/2022-10/25/content_5721685.htm.

[2]　袁贵仁 . 价值观的理论与实践：价值观若干问题的思考 [M]. 北京：北京师范大学出版社，2013.

[3]　汪信砚 . 生态文明建设的价值论审思 [J]. 武汉大学学报，哲学社会科学版，2020，73（3）：42-51.

[4]　杨锐 . 风景园林学科专业发展评估、困境与突破 [J]. 中国园林，2023，39（1）：23-25.

[5]　中共中央办公厅 . 关于培育和践行社会主义核心价值观的意见 [M/OL].（2013-12-23）

[2023-9-8]. https://www.gov.cn/jrzg/2013-12/23/content_2553019.htm.

[6]　高等学校风景园林学科专业指导委员会. 高等学校风景园林本科指导性专业规范 [M]. 北京：中国建筑工业出版社，2013.

[7]　张兵，赵星烁，胡若函. 国家空间治理与风景园林——国土空间规划开展之际的点滴思考 [J]. 中国园林，2021，37（2）：6-11.

[8]　杨赉丽. 城市园林绿地规划 [M]. 北京：中国林业出版社，2019.

[9]　魏斌，王景旭，张涛. 城市绿地生态效果评价方法的改进 [J]. 城市环境与城市生态，1997，10（4）：54-56.

[10]　中华人民共和国中央人民政府. 关于促进智慧城市健康发展的指导意见 [M/OL]. （2014-08-27）[2023-9-8]. https://www.gov.cn/govweb/gongbao/content/2015/content_2806019.htm.

[11]　成实，张潇涵，成玉宁. 数字景观技术在中国风景园林领域的运用前瞻 [J]. 风景园林，2021，28（1）：46-52.

[12]　成玉宁，袁旸洋. 当代科学技术背景下的风景园林学 [J]. 风景园林，2015（7）：15-19.

[13]　王向荣. 技术的背后 [J]. 中国园林，2022，38（2）：2-3.

[14]　陈蔚镇，周立国，马蔚纯. 城市绿地动态演化模拟预测方法：201210058203.7[P].2012-03-07.

2

生态正义价值观

2.1　生态正义概念辨析

生态正义源起于西方20世纪80年代的环境正义（Environmental Justice）运动。1982年美国北卡罗来纳州华伦县居民举行游行示威，反对在瓦伦县修建用于储存从该州其他14个地区运来的聚氯联苯（PCB）废料的填埋场。此事引起人们对于将有毒废弃物掩埋场建设在有色人种、低收入人群以及其他弱势群体聚集区附近事件的关注。随后，美国审计总署在南部8个州进行了一次调查，发现少数民族聚居区附近分布的废料填埋场约占总数的75%。1987年，美国统一基督教联合会对美国25个州50个大城市调查发现，60%的黑人和拉美裔居民居住在有毒废料场附近[1]。《必由之路：为环境正义而战》一书详细介绍了华伦县的事件，并提出了"环境正义"的概念。由此，有关环境正义的议题成为学术界研究热点。

从研究范围来看，生态正义最初的研究主要关注美国国内的环境不公正问题。21世纪之后，生态正义研究扩展了视野，开始关注全球范围内国家间的和不同国家内的本土化、时代化生态正义问题。例如：种族歧视是美国的生态正义研究最重要的出发点，而中国基本不存在种族歧视问题，因此中国的生态正义研究则更多关注转型期城乡环境风险上的分配差异问题和人口增长的区域差异带来的良善设施的分配差异问题。从研究内容来看，生态正义研究起初关注的是环境威胁（如具有污染或废弃的邻避设施）的不平等分布，后来开始关注到环境资源（如公园绿地、开放空间等良善设施）的不均匀分布。随着马克思主义哲学等学科的介入，生态正义概念拓展到人与自然融合发展的研究范畴。

在生态正义概念发展演变过程中，出现了"环境正义""环境公平""景观公正""空间正义"等多种研究名词，因此应对生态正义的概念加以辨析（表2-1）。

"环境正义""环境公平"是对英文 Environmental Justice 的直译，主要讨论环境威胁在地理上的公平分布[2]，作为公平决策的结果，包括了分配公平、过程公平、认知公平等内容[3]。美国学者巴里·卡林沃思和罗杰·凯夫斯认为，规避环境危害的邻避效应是环境正义的目标，"公平对待"和"有效参与"是环境正义的两个重要原则[4]，NIMBY（Not in My Back Yard）是其标志性口号。中国学者将公平思想扩展至

表2-1

基于综述类文献的生态正义概念辨析

发表时间	名词	发展概况	研究热点与概念内涵	研究展望
2019.11.11 Elsevier数据库	环境公平[3] Environment Justice	20世纪80年代，起源于美国社会运动，早期关注环境负担在社会和空间里的不平等分布。后来关注环境资源的不均匀分布	1) 绿地空间可从人性到环境公平：分配公平、过程公平、认知公平； 2) 绿地空间改造与环境绅士化； 3) 绿地使用中的文化公平与环境公平； 4) 绿地空间环境公平感知与地方依恋； 5) 城市绿地公平性的影响因素：供需因素包括可达性、规模与质量，区位和距离是使用能力差异因素； 6) 测度指标与方法：公园绿地供给指标包括可达性与服务半径，供需综合指标	1) 由关注绿地供给的空间公平转向关注使用者需求的社会公平； 2) 公园绿地带来的环境绅士化问题； 3) 公园绿地公平性的社会和文化影响； 4) 认同与西方发达国家不同的研究背景：不存在种族歧视，居民收入差距是导致绿地分布不平等的重要因素，人口多导致对绿地空间需求量大
2019.05 Web of Science 数据库 1998—2018	景观公正[9] Landscape Justice	与environment justice同源，侧重景观设施的正义。初期：治理、政治、政策；后来：空间、规模、可持续性等分配公平问题；2013年：参与性研究突现，注重人的需求；2017年：绿色空间实现，生态系统服务、公平、社区	1) 法律法规中的景观分配正义； 2) 基于资源配置的景观公正； 3) 景观的使用公平性：分配公正、过程公正、互动公正	1) 概念含义及与法律制度、公约实践的关系； 2) 绿色空间分布公平及与人口特征和社会因素的关系； 3) 过程公正与互动公正
2019.05 SCI+CNKI 数据库 2007—2017	空间正义[11] Spatial Justice	早期集中在工作、住房、交通、医疗等基本生存空间的话题，近十年才开始出现城市绿地空间正义的讨论	1) 城市绿地的空间分配正义； 2) 城市绿地供给的程序正义； 3) 空间正义视角下城市绿地的效益评估； 4) 弱化城市绿地不正义的策略研究	1) 空间正义、环境正义、景观正义的概念界定与辨别； 2) 对生态绅士化现象的研究； 3) 基于正义视角下城市基础设施多目标利用； 4) 大数据分析与社区参与相结合，探索程序正义
2019—2020	生态正义[12, 13] Ecological Justice	20世纪60年代，生态伦理学把正义问题研究从道德领域和政治领域引入生态领域，提出了"生态正义"术语	1) 生态伦理学语义中，生态正义是一个道德范畴，社会正义的属性，把生态正义延伸到种际之间； 2) 分配正义：生态正义等同于环境正义，耦合了正义理论与生态学理论，为了实现社会正义的环境保护含义，主要考虑代内正义和代际正义两个向度，也涉及种际间正义； 3) 马克思主义生态正义观的基本内涵：生态正义是以生态资源为中介的人与人之间的生产关系正义，包括共同所有原则、平等尊重原则、公平分配原则	1) 实现生态正义需要树立整体论或人类中心主义的价值观、健全完善标准化的制度规范体系，创新发展技术和转化成生态化的等案例研究； 2) 生态文明建设的价值追求，就是努力实现生态正义，坚持和践行以人类整体的、长远的利益作为处理人与自然关系的根本价值尺度

环境资源层面，认为环境正义是公民对环境资源的平等使用和环境风险与责任的公平承担 [5, 6]。薛勇民从正义关系的主体辨析，认为环境正义以人为中心，关注人类差异性主体对环境权利与义务的分配正义，而生态正义不再局限于传统社会正义的理论范畴，强调人类与自然的正义关系，是实现人类与自然和谐的基础 [7]。朗廷建从正义主体的整体性加以辨析，认为"生态"是一个整体性的概念，而"环境"是相对于某一中心物而言。当"环境"的中心物是某一群体或个体时，可能会导致人类整体的环境非正义。因此，能否维护人类整体的利益，是环境正义和生态正义的本质区别 [8]。

"景观公正"（Landscape Justice）关注绿色空间、生态系统服务等良善设施的公正布局。景观公正初期主要研究景观治理、政治、政策等法律法规的公正问题，后来发展为对景观空间的布局、规模、可持续性等分配公平问题。2013 年后，参与性研究突现，景观公正开始关注人的需求和生态系统服务供给公平，地理学科的研究对其有突出贡献。对城市绿色空间的公平性主要从分配公平、过程公平、互动公平 3 个维度加以讨论 [9, 10]。

"空间正义"（Spatial Justice）多集中在人居环境学、社会学和城市研究等领域，早期集中探讨工作、住房、交通、医疗等城市功能空间在布局和使用过程中的公平性问题，近十年拓展到了城乡绿地空间的正义分配问题 [11]，主要包括城乡绿地供给的程序正义、空间正义视角下城乡绿地的社会经济效益评估、缓解城乡绿地非正义现象的策略研究等方面。

"生态正义"（Ecological Justice）的概念是在马克思主义哲学基础上提出的，指以生态资源为中介的人与人之间的生产关系正义，具有社会正义的属性。这里的人包括代内所有人和代际所有人，体现出生态正义的整体性和时空性。为了实现社会正义对环境保护的意义，生态正义强调以自然生态资源为正义中介，使所有人都能平等地享有利用生态资源的权利，同时又能公平地分担保护生态环境的责任和义务 [12]，包括共同所有原则、平等尊重原则、公平分配原则等。

综上所述，"环境正义""环境公平""景观公正""空间正义"与"生态正义"都是社会正义的表现形式之一，探讨的都是人与人的权利和义务关系，只是这种正义关系的中介各不相同，从其英文名称可见一斑。

2.2　生态正义的价值内涵

根据逻辑学定义，概念的内涵是概念所反映的对象的本质属性 [14]。生态正义的价值内涵研究多来自于马克思主义哲学领域，少数来自于城乡规划领域。薛勇民扬弃了环境正义的人类中心主义，认为生态正义应坚持无中心的整体主义，主张自然具有内在价值，因此与其他价值主体，例如人类，是平等的，自然与人类应实现正义。[7] 汪信砚则认为建设生态文明的目的在于维护人类的利益，因而应该以人类为价值本位，坚持以人类整体的利益为价值标准的人类中心主义；他认为以自然事物为价值本位的非人类中心主义的立场，不仅在理论上陷入自相矛盾的境地，而且还会得出各种反人道主义，甚至反人类的荒谬结论[12]。因此，生态正义的价值内涵应站在人类整体论的人类中心主义角度加以讨论。

人类中心主义使生态正义与国际上的环境正义一样，具有了社会正义属性。1991年，美国在华盛顿召开的第一次有色人种环境领导人高峰会议提出了关于环境正义的著名的 17 条原则，是社会正义原则的具体应用和演绎，也可在其中窥到生态正义的价值内涵。17 条原则可以概括为六个方面的内容：①尊重人与自然的相互依存关系，不破坏地球生态环境；②人类的相互尊重和平等应是公共政策制定的前提；③各种环境保护措施应该严格实施；④环境非正义受害者的各项权益应当受到保护；⑤生态政策应当涉及城市与乡村；⑥保障文化多样性，开展环境教育等[15]。中国学者曾建平总结归纳的环境正义原则包括：污染者有负担的责任，开发者有养护的责任，利用者有补偿的责任，破坏者有恢复的责任，人人共享、普遍受益，机会平等、程序公正，效率优先、兼顾公平等[16]。朗廷建从生产关系入手，认为生态正义应遵循共同所有、平等尊重、公平分配等原则。其中，共同所有原则包括生产资料、劳动产品、工作岗位的共同所有；平等尊重原则包括劳动分工无高低贵贱、劳动付出各尽其能、劳动权责明晰对等内容；公平分配原则包括公平优先兼顾效益的分配生产资料、按劳分配劳动产品、机会均等兼顾效率配置工作岗位等内容[13]。

秦红岭从城乡规划角度，构建了城市绿色空间规划正义的多维框架，即基于分配正义的空间可达性，考虑如何公平分配绿色空间资源，解决城乡绿地分布不均衡问题；基于参与正义的空间多样性和包容性，考虑利益相关者都能参与绿色空间的规划过程，解决城乡绿地供给与市民需求之间的错位问题；基于能力正义的空间可用性，考虑能让大多数人具有可行能力的"可供使用性"设计，解决城乡绿地对弱势群体的关怀与供给的问题[17]。秦红岭提醒规划者警惕绿色士绅化现象，避免出现由于特定区域绿地建设和环境提升而迫使本应成为绿色福利获益者的弱势人群被迫离开该区域现象的发生，规划者应通过"自下而上"等适宜的城乡绿地规划干预措施，处理好公平与效率、经济可持续与社会可持续的关系，实现绿地福利公平化[17]。

城乡绿地布局是城市中自然要素的科学发展框架，在现代空间信息技术的支持下，城乡绿地布局的研究由基于游乐价值观的形态学研究，走向基于生态价值观的景观学研究，并有向基于生态正义价值观的社会学研究的发展趋势。从现有的基于生态正义的空间布局研究来看，一方面研究者更关注邻避设施的布局或弱势群体的分配问题，对城市良善设施或优质资源的布局和享用问题及生态正义的代际和种际问题涉及较少。另一方面由于研究者的非风景园林学缘背景，对城乡绿地的了解与认识不够全面，导致研究中仅局限于公园绿地的公平享用问题，缺少对城市各类绿地的正义配置、代际保护与修复等问题的思考与研究，而这正是本书研究的重点。

2.3　生态正义的基本类型

对生态正义内涵的类型划分存在较为明显的两个阵营：

一个阵营从生态伦理学角度出发，认为生态正义是超越社会正义的人与自然的和谐关系[7]，在此基础上，将生态正义分为人际正义和种际正义。例如：李霞总结了中西方理论界对生态正义理论的研究成果，将生态正义分为代内正义、代际正义、种际正义三个维度进行研究，即研究同代人之间、当代人与未来人之间、人类与其他物种之间就如何实现生态权利、生态利益及承担生态责任相一致的问题[18]。骆徽等将我国生态正义现状分为种际正义、国内正义、国际正义三类加以阐述[19]。罗志勇将生态文明建设中的生态正义分为了种际正义、人际正义、域际正义和国际正义四个类型，并深入剖析了各类生态正义问题的根源[20]。

另一个阵营从正义的内涵出发，认为生态正义仍然是一种社会正义，应摒弃种际正义的维度。美国学者巴里梳理了历史上各种正义理论，发现了正义具有人们之间权利和义务关系的社会价值属性[21]。中国学者汪信砚认为正义是权利和义务的有机统一，人类赋予人之外的其他生物以某种权利，但其他生物却没有担负责任与义务的能力。人与纯粹的自然或自然事物之间并不存在权利和义务关系，不存在正义之说。朗廷建认为正义是一种实践关系，只存在于具有实践能力的人与人之间。实践是行为主体有意识、有目的地进行改造和探索现实世界的客观活动。动物和植物不具有实践能力，不能成为实践行为主体。朗廷建站在社会正义阵营，将生态正义分为时间、空间和权力三重维度，包括代内正义和代际正义、国度正义和国际正义以及女权生态正义[22]。刘海龙认为生态正义是人际正义，分为地理意义上的生态正义、经济意义上的生态正义、社会意义上的生态正义和国与国之间的生态正义[23]。

基于两个阵营的激辩，本书从正义的相互性出发，肯定了生态正义的社会正义属性，明确了生态正义内涵具有以生态环境为中介的人与人之间权利和义务关系的公平性和正当性。从整体论的视角出发，把人与自然的关系看作是人与人关系发生的基础，那么生态正义即是基于人与自然关系而产生的人与人之间的正义关系[8]。本书将生态正义分为代内生态正义和代际生态正义两个层面：代内生态正义指同一时空条件下人与人的分配正义，包含分配资源、权益，分担义务、责任，补偿最少受惠者三方面内涵；代际生态正义指同一空间但不同时间中，即当代人与后代人之间对自然资源的权利与义务关系。

2.3.1　代内生态正义

代内生态正义主要从空间上诠释人与人对自然资源的分配正义关系。洪大用将代内生态正义分为国际、地区和群体三个层次[24]。国际层面上的生态正义问题包括发达国家在其长期的工业化过程中，破坏全球共有环境，占用大量资源的同时，将危害环境和人体健康的生产行业以及生产、消费的废弃物转移到发展中国家的现象。地区层面上的生态正义问题包括河流上游地区受益后对下游地区造成的污染，城市将污染转移扩散后环境得到改善的同时造成的农村环境污染，东部地区在获取资源利益与承担环保责任上与西部地区的不协调。群体层面的生态正义问题主要是指社会上的富人占有较多环境收益却不愿尽环境保护义务的问题。

2021 年 4 月 13 日，日本政府将福岛第一核电站上百万吨核污水经过滤并稀释后排入大海的决定，就是国际层面的非生态正义案例。日方此举引发多国政府、专家及民众的持续关切与强烈谴责，这种极其不负责任的做法，将严重损害国际公共健康安全和全球人民切身利益。海洋是人类的共同财产，日本政府将福岛核电站含有对海洋环境有害的核废水排放海洋不仅是一种不负责任的行为，也是对海洋生态及生物多样性共同体极大的破坏。有专家模拟了核污染废水倒进海里之后的情况，发现中国和韩国会率先受到污染，3 年内美国和加拿大也会受到核污染，10 年之后，放射性物质将遍布全球海洋。全球人类共同承担日本核污水带来的环境责任是非生态正义的。

2.3.2　代际生态正义

现实中常可看到，当代人为了自己的发展需要，过分攫取自然资源的现象。例如：云贵川三省农村的局部地区靠土法炼硫谋求发展，却使农业生产环境遭到污染甚至是毁灭，有的即使停产 20 年也很难再恢复正常的农业生产。内蒙古部分地区为了出口发菜获利，盲目采挖，使二连浩特周围 200 多平方公里的土地沙化甚至严重沙化[24]。这种短视化行为的一个重要原因就是当代人缺少可持续发展的理念和代际生态正义价值观。

世界环境与发展委员会对可持续发展的定义为：既满足当代人的需要，又不对后代满足其需要的能力构成危害的发展[25]。这与代际正义的内涵——当代人与后代人之间的公平性相一致。可以说，代际生态正义是可持续发展的核心要义，是从时间层面探讨生态资源的正义分配。

理论上，生态系统的可持续性是指为了满足当代人和后代人对生态系统服务的需求，持续为下一代提供生态系统服务的潜力，用弹性、平衡度和公平性加以评价[26]。实践中，2021年10月公布的中国第一批国家公园就是用国家意志和国家力量对具有国家代表性的自然资源进行永久保护、永续传承。这种传承既是物质的、自然的传承，也是精神的、文明的传承，是代际生态正义的鲜活体现。

2.4 生态正义的社会实践

国内外对生态正义的社会实践研究多从实证案例入手。研究案例主要分布于美国、欧洲等发达地区；我国的实证案例虽起步较晚，近几年也在逐渐增多；拉丁美洲、非洲等对生态正义的探讨案例较少[27]。研究关注点主要探讨绿地的空间均等分配、弱势群体对绿地的使用、制度上的绿地非正义等方面的内容。研究尺度多聚焦于社区级空间。生态正义社会实践发现的主要问题是不同个人或人群从绿地综合服务中的获益受到其政治权利、社会经济地位和所在区域的影响[28]，表现为：决策过程不公平、接触和获取不公平、获益不公平[29]。在哲学社会学领域，薛勇民、张建辉等认为权利、资本、科技和价值四个方面是实现生态正义的现实因素[7, 15]。

国际的实证研究多关注弱势群体享有绿地服务和制度上的非正义问题。例如：LINDSEY et al.对印第安纳波利斯的实证研究发现，少数族裔和穷人拥有的绿地少于普通群体，且与普通群体在绿地的使用上存在空间分离现象[30]。WOLCH et al.也研究发现美国少数族裔享有的绿地可达性较低，同时还分析了公园资金分布情况，发现洛杉矶公园资金申请模式加剧了现有城乡绿地资源的非正义分配[31]。RIGONLON et al.研究了美国99个城市之间公园使用的不平等，认为美国城市的收入中值和种族构成是城市间公园不平等分布的主要原因，建议国家非营利组织和公共机构的公园资金应优先考虑公园匮乏的城市，有助于实现弱势城市的公园分配正义[32]。

国内的实证研究更多地关注公园绿地的可达性问题，较少涉及公园的经济投入和制度制定方面的内容。研究案例多从上海、广州、北京、武汉、南京等中国城市展开。尹海伟最早对上海的公园可达性和公平性进行分析[33]。唐子来等对上海绿地进行了社会绩效评价，认为上海的城乡绿地公平性较好，这得益于上海在城市更新中的一系列绿化行动[34, 35]。XIAO et al.对上海的公园绿地可达性进行评价后，将其与社会经济指标进行相关性分析，发现上海的公园并没有向社会经济水平高的群体倾斜的趋势[36, 37]。
王敏等以上海徐汇区为例，对城市公园绿地空间配置供需关系进行了研究，认为徐汇
区公园空间布局地域平等性较好，但对老年人和青少年群体的绿地需求考虑较少[38]。
江海燕等对广州市的公园绿地空间差异性和社会公平进行研究，发现广州市公园分
布有向社会经济指数好的区域集中的趋势。周春山等分析了广州市公园绿地作为公共
服务设施存在空间分异的情况，并分析了公园绿地空间分异形成的机制[39]。XING L
et al. 统计了武汉市从 2000 年到 2014 年公园绿地的供需情况，认为武汉市在步行和
车行的绿地供需差距很大[40]。WU J et al. 以小区为地理空间单元，对北京市的绿地公
平性进行了评价，认为小区的开放政策可能会造成更大的城乡绿地不公平[41]。

2.5　国内外城乡绿地布局的价值观

在人类与自然的关系中，人们所具有的价值观念是一切实践行为的根本动机，是
人类与自然关系互动的隐性逻辑。价值观是人认定事物、判定是非的一种思维[42]，是
对现实利益的切实反映和自觉追求，并时刻支配着人的思想倾向和行事方式[12]。只有
价值判断认为是可取的，才能成为行为动机，引导人们的行为。因此，在同样的客观
条件下，不同价值观的人，会发生不同的行为。纵观历史，人们对城乡绿地布局的价
值观有着游乐价值观、生态价值观、公平价值观、正义价值观的递进发展，自然科学
与社会科学的发展与需求交互作用于人们对待城乡绿地的布局动机中，形成具有历史
发展痕迹的布局形式。

2.5.1　游乐价值观

中国历史上从供少数人使用的皇家园林、私家园林，到供普通百姓使用的乐游原、
曲江池等公共园林；西方从最早的公共空间圣林的产生，到意大利台地园、法国勒·诺
特园林、英国自然风景园，驱动城乡绿地发展的动力均是关注享受的游乐价值观。近
现代第一个城市公园伯肯海德公园的建设，利用城乡绿地的游憩功能为普通大众提供
公共福利。纽约中央公园引领的城市公园运动在保障公众健康、滋养道德精神、体现
浪漫主义社会思潮方面发挥了重要作用。美国风景园林师奥姆斯特德（OLMSTED
F.L.）用公园路或自然水系将多个公园联系起来，建成了布法罗公园系统、波士顿"翡
翠项链"公园系统等世界著名的城市游憩空间。时至今日，以改善居民的户外游憩体
验为目的的游乐价值观仍将是城市公园系统布局的重要价值理念，但需要强调的是，
当前的公园系统布局满足的是大众的游乐需求。

2.5.2　生态价值观

生态价值观是在 19 世纪末工业革命带来的生态危机背景下产生的，以寻求环境保护与城市生态平衡为目的。到 20 世纪，生态价值观成为城乡绿地布局的主导价值理念。从最早霍华德的"田园城市"理论、沙里宁的"有机疏散"理论，到英国的"绿带政策"、莫斯科的"森林公园带"实践，无一不是借助城乡绿地的布局来控制城市无限蔓延、改善城市环境质量。中国在改革开放初期，摒弃了之前以视觉景观为主导的绿地布局，通过建立城乡绿地分类、更新定额计算方法、优化系统布局、拓展绿化形式等举措[43]，尝试以改善城市生态环境为目标的绿地系统布局。随着理论研究和社会实践的深入，生态网络布局[44-48]、景观生态安全格局[49-53]、生态系统服务协同布局[54-56]等，仍是当前生态价值观主导的城乡绿地布局方法。

2.5.3　公平价值观

进入 21 世纪，城乡绿地的社会服务属性再次被人们关注与重视，有学者开始从关注人与人的公平价值观角度思考城乡绿地布局问题。例如，TALEN E 将公平理念引入城乡绿地中，对绿地公平性的研究具有结构性、框架性的引领作用[57]。中国学者尹海伟等较早将"以人为本""社会公平"的理念引入城乡绿地空间布局评价中，并尝试构建城乡绿地的可达性和公平性指标体系[33, 58]。赵兵等运用 GIS 平台对花桥国际商务城的公园绿地服务盲点进行分析，根据居民需求优化公园绿地布局[59]。李咏华将绿地公平性在城市空间中的推演分为空间均等、社会公平、环境正义三个阶段，认为绿地的公平性研究从简单的资源均分到关注人群需求的社会公平，再到关注社会弱势群体的社会正义，最后到不断探索人从自然中获得福祉的环境正义，呈现出逐级深入的过程[27, 60, 61]。

2.5.4　正义价值观

《剑桥词典》对 equality 的释义为平等、均等，justice 译为公正、正义。《汉语大词典》中，"公平"释义为"处理事情合情合理，不偏袒哪一方面。""正义"释义为"公正的，有利于人民的。"罗尔斯在《正义论》中提出了著名的正义原则："自由"和"差异"，及后期补充的"优先原则"，即公众首先具有自由权利，其次是公平机会，再次要考虑最少受惠者的利益，最后才是社会整体福利[62]。由此可见，公平强调的是均等分配，而正义除了公平的内涵外，还要考虑最少受惠者的利益，弱势群体的利益，具有补偿性。因此，正义是一定社会关系下的相对公平，包含分配资源、权益，分担义务、责任，补偿最少受惠者三方面内涵。马淇蔚等根据杭州市区老龄人口分布情况，构建了适应老人需求的绿地空间可达性的四种模式，并提出城市的"适老性"绿地布局规划建议，体现出城乡绿地布局对弱势群体的关怀，具有了正义价值观的补偿性[63]。

中国共产党第十九次全国代表大会报告中指出，中国特色社会主义进入新时代，我国社会主要矛盾已经转化为人民日益增长的美好生活需要和不平衡不充分的发展之间的矛盾。从风景园林专业角度来讲，生态正义价值观导向下的城乡绿地布局是解决新时代社会主要矛盾的突破口之一，是增进人民群众的获得感和幸福感的重要载体。

2.6　国外城乡绿地规划的生态正义观研究进展

Web of Science 是获取全球学术信息的重要数据库，具有强大的索引功能，收录各研究领域权威学术文章。为保证所选文献数据的准确性与科学性，研究以 Web of Science 核心集合数据库为基础，以"Urban Green Space Planning"和"Ecological Justice"或"Urban Green Space Planning"和"Environmental Justice"为主题进行检索，检索内容包括标题、摘要、作者与关键词，文献类型限定为论文、综述论文及在线发表，语种为"English"，时间跨度为 2012 年 1 月 1 日至检索时间 2022 年 12 月 21 日，共得到城乡绿地规划的生态正义观研究相关文献 249 篇，选择"全记录与引用的参考文献"下载保存。检索数据导入 CiteSpace 软件去重，共获得 249 篇文献。

2.6.1　研究概况

249 篇相关文献中包含 235 篇论文和 14 篇评论。年发文量整体呈现上升趋势且大致可以分为两个阶段（图 2-1）。其中，2012 年至 2017 年文献数量处于缓慢增长

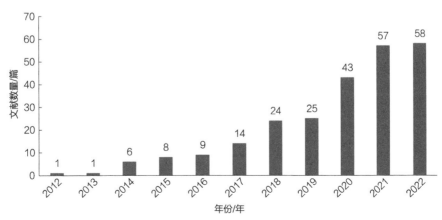

图 2-1　国外城乡绿地布局的生态正义观研究文献数量变化图

阶段，2018 年至 2022 年增长幅度明显增大，表明城乡绿地布局的生态正义观研究得到越来越多的学者关注。

发表文献数量较多的机构是洪堡大学（Humboldt Univ，20 篇）、UFZ 亥姆霍兹环境中心（UFZ Helmholtz Ctr Environm Res，13 篇）；发表论文最多的作者是哈兹（HAASE D，10 篇）；专家学者的国籍占比最多是美国（75 条记录）；共被引期刊最多的是景观与城市规划（Landscape and Urban Planning），其次是城市林业和城市绿化（Urban Forestry & Urban Greening）、城市：城市政策与规划国际杂志（Cities：The International Journal of Urban Policy and Planning）与国际环境研究与公共健康（International Journal of Environmental Research and Public Health）等与城市规划和风景园林专业相关的主要期刊，这些期刊在一定程度上体现了国外城乡绿地布局的生态正义观研究领域的研究热点与前沿。

通过对所有作者进行合作网络分析，结果显示研究城乡绿地规划的生态正义观相关的作者较为分散，中国学者与外国学者各自聚团，还没有搭建起国内外间的合作网络（图 2-2）。来自德国柏林洪堡大学地理研究所赫姆霍兹环境研究中心的景观生态学研究背景的哈兹（HAASE D）、卡比什（KABISCH N）和罗兹科技大学社会生态系统分析实验室的拉斯基维奇（LASZKIEWICZ E）、克朗伯格（KRONENBERG J）构成国外合作聚团的核心 [64-67]。中国科学院大学地理科学与资源研究所资源与环境信息系统国家重点实验室的裴韬、郭思慧等形成了中国较为聚集的合作网络，其主要的研究方向为城市生态系统服务、环境正义、生态士绅化、空间可达性等。

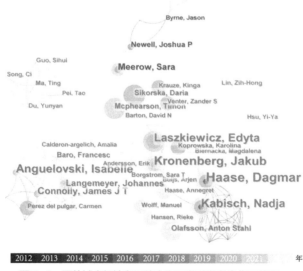

图 2-2　国外城乡绿地布局的生态正义观学者合作网络图

2.6.2 文献数据分析

将249篇文献中排名前10位的高被引文献进行分析总结，发现第1、2与第6位文章集中探讨城市规划等公共政策与环境正义问题[68-70]；第3与第4位主要探讨社会人口和群体对城乡绿地服务享有的不公平分配问题[71, 72]；第5、8与第9、10位文章主要对城乡绿地不公平分配的影响因素进行研究[32, 73-75]。其他论文主题还有城乡绿地可达性[66]等。总之，通过对排名前10位的文献分析总结发现，绿地规划的生态正义观研究聚焦在社会需求层面的群体差异以及公共政策和绿地供给层面的影响因素研究两个方面（表2-2）。

国外城乡绿地布局的生态正义观高被引文献表（前10位）　　　表2-2

序号	第一作者	主要研究内容	被引频次/次	年份/年
1	Wolch, Jennifer R.	城市绿化策略导致环境正义问题	1700	2014
2	Kabisch, Nadja	基于自然的绿地方案解决环境正义问题	450	2016
3	Kabisch, Nadja	城市绿地空间与人口之间分配不平等问题	363	2014
4	Rigolon, Alessandro	不同群体对城市公园服务的公平享有问题	287	2016
5	Venter, Zander S.	公共卫生事件导致城市绿地正义问题	275	2020
6	Meerow, Sara	弹性规划对城市绿色基础设施公平的影响	270	2019
7	Kabisch, Nadja	城市绿地空间可达性研究	234	2016
8	Safransky, Sara	城市发展侵占绿色空间问题	165	2014
9	Wuestemann, Henry	影响城市绿化供给差异原因研究	159	2017
10	Rigolon, Alessandro	城市公园质量不同导致环境正义问题	157	2018

采用LLR（Log-Likelihood Rate）算法对文献主题进行共被引聚类分析，绘制文献共被引聚类时间线图（图2-3），展示城乡绿地规划生态正义观各研究领域的研究

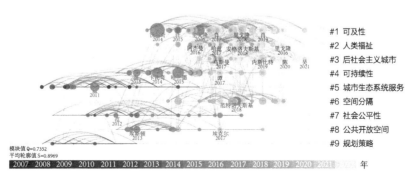

图2-3　国外城乡绿地布局的生态正义观文献共被引聚类图

发展脉络与知识动态结构。分析发现：①早期的城乡绿地规划生态正义观研究从"#7社会公平性"视角解读绿地的"#5城市生态系统服务"问题，并提出"#9规划策略"，可见生态正义观的公平性是被人们最早认知且应用于城乡绿地规划中的价值理念；后续研究将城乡绿地的范畴扩展到"#8公共开放空间"，并从人的需求出发考虑其"#4可持续性"和"#1可及性"，生态正义观的继承性和补偿性走入学者的视野；近五年"#1可及性"持续受到研究关注，同时新增了"#6空间分隔""#2人类福祉"和"#3后社会主义城市"等反映人类命运共同体视角的人与自然关系的研究，开始从生态伦理的角度拓展生态正义价值观的内涵。②突发性引用频次较高的文献集中于"#1可及性""#4可持续性""#5城市生态系统服务"和"#6空间分隔"，说明西方学者已经普遍肯定并聚焦于生态正义观的公平性、补偿性和继承性内涵研究，并从城乡绿地的功能和空间入手加以讨论，对城乡绿地规划的生态正义价值观有了比较清晰的定位。

对高频关键词进行统计分析，可以获取研究领域内研究热点及前沿。使用CiteSpace软件绘制文献关键词共现图谱（图2-4），并对其进行聚类分析发现，热点关键词除了环境正义、城市、绿色空间等相关性极大的词语以外，还有生态系统服务、健康、公共健康、体育运动等对城市绿地功能的关注，城乡绿地空间、城市公园、公园、空间、景观等对城乡绿地具体空间的关注，以及公平、可达性、城市规划等对城乡绿地社会影响的关注。中心中介度较高的关键词有绅士化、绿色基础设施、生物多

模块值Q=0.3889
平均轮廓值S=0.7140

图2-4　国外城乡绿地布局的生态正义观研究热点分布图

样性、气候改变、不公正等，反映出城乡绿地规划生态正义观的核心内容是人与人绿地分配的公平正义问题和人与自然的共生共存问题。

采用LLR算法对关键词聚类，得到10组有效聚类词组（表2-3），分别是绿色绅士化、基于自然的解决方案、公共绿地、两步移动搜索法、可持续城市化、环境正义、夏季高温、绿色基础设施研究。通过分析发现，各聚类研究方向存在相互交叉的现象，结合关键词共现分析可将城乡绿地规划的生态正义观研究热点总结为城乡绿地分布的公平性与可达性评估、弱势群体的绿地享有评估、影响城乡绿地规划公平正义的因素及策略、生态正义导向的绿地补偿以及生态正义对居民身心健康的促进作用等5个领域。

国外城乡绿地布局的生态正义观关键词共现网络聚类表　　　　表2-3

序号	聚类大小	聚类平均轮廓值	平均热度年	LLR算法分析标签词（前5个）
1	54	0.628	2018	绿色绅士化；比较框架；荒野绿道；美国底特律；基于场所的研究
2	46	0.669	2018	基于自然的解决方案；蓝色空间规划；公众参与的GIS；案例研究应用；新方法
3	46	0.684	2018	公共绿地；中国北京；城市公园供给；空间公平；空间规模
4	44	0.710	2017	两步移动搜索法；多模式城市；重新认识可及性；社会经济不平等；绿色空间质量
5	42	0.712	2018	可持续城市化；基于生态系统的管理；城市绿地可用性与可及性；后社会主义城市；多层住宅区
6	40	0.833	2014	环境正义；基于自然的解决方案；公共绿色空间；中国深圳；城市公园
7	26	0.773	2018	夏季高温；身体活动模式；奥地利维也纳；测量平等；城市水生环境
8	9	0.949	2019	绿色基础设施研究；瑞典马尔默；城市生态系统服务治理；街区级视角；COVID 19世界

2.6.3　研究热点

（1）城乡绿地分布的公平性与可达性评估

公平性是生态正义的核心价值之一，可达性是实现绿地公平的保障。公平性与可达性分别从供给和需求两方面评估城乡绿地分布的正义程度。西方学者研究发现，不平等的资金投入是绿地资源分布不均衡的主要原因[76]，RIGOLON et al. 对美国信托基金的公园建设份额使用情况调查，证实了在人均公园支出与公园设施质量等方面出现不公平现象。城乡绿地可达性是以居民到达绿地的物理距离和时间作为量化标准[11, 77]进行研究，研究可达性评估的学者首先会通过基尼系数、空间网络分析法等对城乡绿地空间分布公平性进行综合评价[78, 79]，再用两步移动搜索法测量到达绿地所需的时间与距离[80, 81]，用数据量化绿地可达性[82]。CSOMÓS[83]、JAE[83]与RIGOLON[72]et al.

利用城乡绿地特征指标与地理信息系统分析等评估结果，探讨了年龄、教育、收入水平以及种族不同的人群和城乡绿地公平享有的关系。此外，在人口老龄化危机的背景下，部分学者聚焦于老年人等弱势群体获取绿地服务的公平性与可达性研究[84, 85]。总之，西方对城乡绿地公平性与可达性的研究聚焦于绿地建设资金投入、绿地空间分布和使用人群差异化三个方面的观测与评估。

（2）弱势群体的绿地享有评估

生态正义要求关照弱势群体的绿地分配问题，从而使城市弱势群体的绿地享有现状评估成为研究热点。RIGOLON et al. 从公园邻近性、公园面积和公园质量三个方面进行分析发现，弱势群体在公园面积与质量享有方面存在较大非正义现象，经济社会地位较低的人可进入公园总面积较少，且公园质量、维护以及安全程度等较低，人均公园面积则更低[71]。GUO[85]、SIKORSKA[86]et al. 聚焦于老年人获得城市公园服务的正义性研究，前者从供需平衡角度利用综合空间综合评价框架对城市老年人使用公园的供给和需求进行评估；后者主要从非正式绿地为老年人提供平等的城乡绿地服务角度进行研究，对老年人来说，获得绿色植物对健康和福祉至关重要[84]。此外还有部分学者关注儿童这一弱势群体，城乡绿地对他们进行体育活动、预防肥胖和抑郁起着重要作用[87]，他们较为容易受到环境危害以及环境资源分配不均的影响[88]。综上，西方学者的研究普遍反映了绿地享有权在不同种族、不同收入阶层、不同年龄与不同受教育程度群体之间存在明显差异，弱势群体未能平等享有城乡绿地带来的生态系统服务。

（3）影响城乡绿地生态正义布局的因素及策略

影响城乡绿地生态正义布局的因素有社会、政治、经济等宏观因素，还有绿地品质、经济地位、民族与种族、年龄、教育、性别等个体因素。WILKERSON et al. 分析了城市经济因素通过影响规划决策决定绿地的数量与质量，进而改变人们对生态系统服务的需求[89]。WOLCH et al. 研究发现，绿化程度较高且基础设施较完善的城市公园周边的社区生活成本较高，与社会环境共同促使绿地布局更偏向于富人聚集区，导致穷人和边缘化人口不能公平享有城乡绿地[68]。HOFFIMANN et al. 通过对居民区与绿地平均距离的统计与计算发现距离随居民区贫困程度而增加，且存在安全问题，绿地环境与基础设施较差，体育活动水平低导致居民健康状况较差[90]。ARSHAD et al. 从住房单位密度与社区绿地的关系角度得出社会经济差距导致住房及人口密度高，人均绿地率较低，居民不能平等享有城乡绿地服务[91]。因此，非绿化因素对城乡绿地生态正义布局产生较大影响，绿地自身的品质等因素影响次之。

在分析影响城乡绿地生态正义规划布局的因素后，部分学者提出了改善城乡绿地非正义分布的策略与建议。ANGUELOVSKI et al. 从边缘化群体需求与身份等角度制定城市绿化正义分析框架，将其应用于为福利、护理和健康而绿化以及为娱乐而绿化两个规划和政策领域，为新的城乡绿地规划和实践提供指导[92]；JOHNSON et al. 提出让弱势群体参与城乡绿地规划等决策，从程序正义角度使城乡绿地的正义规划得到保障[93]；KABISCH et al. 提出了基于自然解决城乡绿地非正义问题的原则和要求[94]。总之，缓解绿地非正义的策略主要集中在规划者制定政策与基于自然的解决方案两个方面。一方面通过改善现存绿地规划的状况，自上而下实现绿地资源分配平等、基础设施品质平衡；另一方面寻求受大自然启发和支持的解决方案，通过因地制宜、资源节约和系统性的干预措施，将更多样化的自然和自然特征及过程带入城乡绿地规划当中[95]，以创造充满生态正义的城市环境。

（4）生态正义导向的绿地补偿

"正义"较"均等""公平"有更丰富的内涵，包含了对最少受惠者的关注与补偿。近些年的研究中，生态正义导向的绿地补偿开始受到学者的关注。社会中存在弱势群体较少享受城市绿地生态系统服务和后代人被剥夺了享受当代自然资源的权利等生态正义问题。因此，在平等分配绿地资源的同时，对损害的资源进行补偿型绿地的规划与建设是保证绿地资源分配正义的重点。HOFFIMANN et al. 使用肯德尔相关系数和序数回归方法检验绿地质量和可达性与社会经济差异关系，结果显示经济地位低下及少数种族居民同时存在缺乏个人和社会资源双重安全问题，这对城乡绿地可达性及质量不公平分布有较大影响[90]。DRAUS et al. 以社会经济和种族平等为绿地规划导向原则，提出将废弃或未利用土地重新规划为绿地空间，以此促进生态正义、经济机会和社会公平，即生态正义导向的绿地补偿策略[96]。城市的迅速扩张导致城市绿化用地的紧缩，制定以生态正义为导向的绿地补偿策略有助于缓解城乡绿地规划的非正义现象。

（5）生态正义对居民身心健康的促进作用

生态正义导向下的城乡绿地规划通过提供广泛的生态系统服务对城市居民主观幸福感与身心健康产生积极影响。绿色的生活环境通常被认为是令人愉快的且对身体健康有一定积极作用，SYRBE et al. 通过对绿地使用者的自我报告研究得出城市居民最喜爱城乡绿地类型及其特征，结果显示最受欢迎的绿地类型是城市森林、公园和公共水体，证实了使用城乡绿地的人感知到绿地对身体健康有积极有益的影响，并增加使用者的主观幸福感[97]。FLACKE et al. 通过绘制社会经济驱动下的环境健康不平等指标，量化城乡绿地对居民健康的影响，以评估和监测健康不平等[98]。LIOTTA et al. 将生态正义观纳入空间规划及绿色基础设施发展中，通过城乡绿地规划减少人类福祉不平等问题[99]。建立确保居民福祉的绿地规划策略和管理模式，将是提高主观幸福感、改善公共卫生和减少不平等的一个决定性因素。

2.7　本章小结

本章主要对生态正义的相关概念、理论和实践进行全面的梳理和综述。

在生态正义概念发展演变过程中，出现了"环境正义""环境公平""景观公正""空间正义"等多种研究名词，通过对概念的发展、内涵、研究热点的辨析发现，这些词语都是社会正义的表现形式之一，探讨的都是人与人的权利和义务关系，只是这种正义关系的中介各不相同。生态正义的概念是在马克思主义哲学基础上提出的，不仅包含了关注人类差异性主体对环境权利与义务的分配正义，还强调了人类补偿对自然伤害的矫正正义，是表征人类与自然和谐秩序的范式创新。从正义的相互性出发，生态正义内涵是以生态环境为中介的人与人之间权利和义务关系的公平性和正当性，属于社会正义的范畴。从整体论的视角出发，生态正义是基于人与自然的关系而产生的人与人之间的正义关系。因此，本书将生态正义分为代内正义和代际正义两个层面：代内正义指同一时空条件下人与人的分配正义，包含分配资源、权益，分担义务、责任，补偿最少受惠者三方面内涵；代际正义指同一空间但不同时间中即当代人与后代人之间对自然资源的权利与义务关系。

生态正义的理论研究聚焦于其价值内涵和基本类型两方面。以马克思主义哲学为理论基础的学者认为生态正义的价值内涵应站在人类整体论的人类中心主义角度加以讨论，属于社会正义范畴，包含代内正义和代际正义两个层面。以环境伦理学为理论基础的学者认为生态正义应坚持无中心的整体主义，主张自然具有内在价值，自然与人类应实现正义，包含代内、代际和种际正义三个类型。有少数城乡规划领域的学者站在城市空间布局的角度探讨生态正义问题，构建了城市绿色空间规划正义的多维框架。在生态正义的社会实践层面，学者多从实证案例入手，研究较多地关注邻避设施的布局或弱势群体的分配问题，对城市良善设施或优质资源的布局和享用问题及生态正义的代际和种际问题涉及较少；在城乡绿地研究中局限于公园绿地的可达性问题，缺少对城市各类绿地的正义配置、代际保护与修复等问题的思考与研究。

城乡绿地布局较多地受到行政者的价值观的影响。本书站在纵向的历史轴线上，对城乡绿地布局的价值观进行了梳理，发现城乡绿地布局的游乐价值观、生态价值观、公平价值观、正义价值观随着人类认知水平和道德法治的进步呈递进式发展。

基于 Web of Science 数据库，利用 CiteSpace 软件对从 2012—2022 年关于国外城乡绿地规划的生态正义观研究文献的学者合作、高被引文章、共被引聚类以及关键词聚类进行知识图谱可视化分析发现：①对城乡绿地规划的生态正义观研究相关的作者较为分散，中国学者与外国学者各自聚团，未搭建起国内外间的合作网络。

②相关高被引文章的主题集中在社会需求层面的群体差异、公共政策和绿地供给层面的影响因素两个方面。③国外城乡绿地规划生态正义观研究热点集中在城乡绿地分布的公平性与可达性评估、弱势群体的绿地享有评估、影响城乡绿地生态正义布局的因素及策略、生态正义导向的绿地补偿以及生态正义对居民身心健康的促进作用5个方面。我国生态正义观导向下的城乡绿地规划布局未来的研究趋势，即难点与创新点还可能围绕以下方向展开：①生态正义的价值体系研究。国内外生态正义研究与实践只停留在社会现象的探讨，未能形成生态正义价值体系，将生态正义作为新时代城乡绿地规划的价值导向，能够引领人与自然和谐共生的建设，进一步丰富城乡绿地规划的价值体系。②基于碳汇计量的绿地补偿研究。人类有责任与义务为自己的建设行为作出补偿，基于城乡绿地的碳汇功能进行碳汇计量的绿地补偿研究将成为新的热点。③基于行业标准体系构建的实践路径探索。行业标准是理论到实践的重要实施路径，城乡绿地正在向高效能协同共治的治理目标转型，以"标准化"的方法探索生态正义驱动下的城市绿地规划实践路径，将在完善风景园林行业标准体系的同时，促进生态正义价值观的实践与传播，实现城市绿化质的有效提升和量的合理增长，为世代人民谋求绿色福祉。

参考文献

[1]　洪大用. 环境公平：环境问题的社会学视点 [J]. 浙江学刊，2001（4）：67-73.

[2]　SCHLOSBERG D. Reconceiving environment justice: global movements and political theories[J]. Environmental Politics，2004，13（3）：517-540.

[3]　史春云，陶玉国. 城市绿地空间环境公平研究进展 [J]. 世界地理研究，2019，29（3）：621-630.

[4]　卡林沃思巴里，凯夫斯罗杰等. 美国城市规划：政策、问题与过程 [M]. 武汉：华中科技大学出版社，2016.

[5]　刘海龙. 环境正义：生态文明建设评价的重要维度 [J]. 中国特色社会主义研究，2016（5）：89-94.

[6]　洪大用，龚文娟. 环境公正研究的理论与方法述评 [J]. 中国人民大学学报，2008，22（6）：70-79.

[7]　薛勇民，张建辉. 环境正义的局限与生态正义的超越及其实现 [J]. 自然辩证法研究，2015，31（12）：98-103.

[8]　朗廷建. 何为生态正义——基于马克思主义哲学的思考 [J]. 上海财经大学学报，2014，16（5）：30-38.

[9]　岳阳，张天洁. 西方"景观公正"研究的简述及展望，1998-2018[J]. 中国园林，2019，

35（5）: 5-12.

[10]   EGOZ S, DE NARDI A. Defining landscape justice: the role of landscape in supporting wellbeing of migrants, a literature review[J]. Landscape Research: Landscape Research Group 50th Anniversary Issue, 2017, 42（sup1）: S74-S89.

[11]   何盼，陈蔚镇，程强等 . 国内外城市绿地空间正义研究进展 [J]. 中国园林，2019，35（5）: 28-33.

[12]   汪信砚 . 生态文明建设的价值论审思 [J]. 武汉大学学报，哲学社会科学版，2020，73（3）: 42-51.

[13]   郎廷建 . 生态正义概念考辨 [J]. 中国地质大学学报（社会科学版），2019，19（6）: 97-105.

[14]   刘纯青 . 市域绿地系统规划研究 [D]. 南京：南京林业大学，2008.

[15]   张建辉 . 生态正义实践与生态现代化研究 [M]. 北京：中国社会科学出版社，2019.

[16]   曾建平 . 环境公正：中国视角 [M]. 北京：社会科学文献出版社，2013.

[17]   秦红岭 . 基于环境正义视角的城市绿色空间规划 [J]. 云梦学刊，2020，41（1）: 41-49.

[18]   李霞，张惠娜 . 我国生态正义现状及实现路径 [J]. 唐都学刊，2017，33（2）: 48-52.

[19]   骆徽，刘雪飞 . 小康社会视角下的生态正义及其实现 [J]. 山东农业大学学报（社会科学版），2005（2）: 106-110.

[20]   罗志勇 . 生态文明建设中的生态公正研究 [D]. 苏州：苏州大学，2018.

[21]   巴里布莱恩 . 正义诸理论 [M]. 长春：吉林人民出版社，2004.

[22]   郎廷建 . 生态正义的三重维度 [J]. 青海社会科学，2015（4）: 21-26.

[23]   刘海龙 . 马克思主义生态正义观探析 [J]. 中国矿业大学学报（社会科学版），2016，18（3）: 9-14.

[24]   洪大用 . 当代中国环境公平问题的三种表现 [J]. 江苏社会科学，2001（3）: 39-43.

[25]   世界环境与发展委员会 . 我们共同的未来 [M]. 长春：吉林人民出版社，1997.

[26]   WANG R S, ZHANG Y Q, LU Y L. Ecosystem health towards sustainability[J]. Ecosystem Health and Sustainability, 2015, 1（1）: 1-15.

[27]   李咏华 . 健康导向下的城市绿地公平性研究 [M]. 杭州：浙江大学出版社，2020.

[28]   SISTER C, WOLCH J, WILSON J. Got green addressing environmental justice in park provision[J]. GeoJournal, 2010, 75（3）: 229-248.

[29]   叶林，邢忠，颜文涛等 . 趋近正义的城市绿色空间规划途径探讨 [J]. 城市规划学刊，2018（3）: 57-64.

[30]   LINDSEY G, MARAJ M, KUAN S. Access, Equity, and Urban Greenways: An Exploratory Investigation[J]. The Professional Geographer, 2001, 53（3）: 332-346.

[31] WOLCH J R, WILSON J P, FEHRENBACH J. Parks and Park Funding in Los Angeles: An Equity-Mapping Analysis[J]. Urban Geography, 2005, 26 (1): 4-35.

[32] RIGOLON A, BROWNING M, JENNINGS V. Inequities in the Quality of Urban Park Systems: An Environmental Justice Investigation of Cities in the United States[J]. Landscape and Urban Planning, 2018, 178: 156-169.

[33] 尹海伟, 徐建刚. 上海公园空间可达性与公平性分析 [J]. 城市发展研究, 2009, 16 (6): 71-76.

[34] 唐子来, 顾姝. 再议上海市中心城区公共绿地分布的社会绩效评价: 从社会公平到社会正义 [J]. 城市规划学刊, 2016 (1): 15-21.

[35] 唐子来, 顾姝. 上海市中心城区公共绿地分布的社会绩效评价: 从地域公平到社会公平 [J]. 城市规划学刊, 2015 (2): 48-56.

[36] XIAO Y, WANG D, FANG J. Exploring the Disparities in Park Access through Mobile Phone Data: Evidence from Shanghai, China[J]. Landscape and Urban Planning, 2019, 181: 80-91.

[37] XIAO Y, WANG Z, LI Z, et al. An Assessment of Urban Park Access in Shanghai: Implications for the Social Equity in Urban China[J]. Landscape and Urban Planning, 2017, 157: 383-393.

[38] 王敏, 朱安娜, 汪洁琼等. 基于社会公平正义的城市公园绿地空间配置供需关系——以上海徐汇区为例 [J]. 生态学报, 2019, 39 (19): 7035-7046.

[39] 周春山, 江海燕, 高军波. 城市公共服务社会空间分异的形成机制——以广州市公园为例 [J]. 城市规划, 2013 (10): 84-89.

[40] XING L, LIU Y, LIU X, et al. Spatio-temporal Disparity Between Demand and Supply of Park Green Space Service in Urban Area of Wuhan from 2000 to 2014[J]. Habitat International, 2018, 71: 49-59.

[41] WU J, HE Q, CHEN Y, et al. Dismantling the Fence for Social Justice? Evidence Based on the Inequity of Urban Green Space Accessibility in the Central Urban Area of Beijing[J]. Environment and Planning B: Urban Analytics and City Science, 2018: 626-644.

[42] 袁贵仁. 价值观的理论与实践: 价值观若干问题的思考 [M]. 北京: 北京师范大学出版社, 2013.

[43] 刘方馨, 赵纪军, 韩依纹. 改革开放初期"生态观"视角下中国城市绿地发展与实践特点研究 [J]. 园林, 2021, 38 (12): 68-74.

[44] 张浪, 李晓策, 刘杰等. 基于国土空间规划的城市生态网络体系构建研究 [J]. 现代城市研究, 2021 (5): 97-100.

[45] 吴榛，张凯云，王浩．城市扩张情景模拟下绿地生态网络构建与优化研究——以南京市部分区域为例 [J]. 中国园林，2022：1-6.

[46] 申佳可，王云才．景观生态网络规划：由空间结构优先转向生态系统服务提升的生态空间体系构建 [J]. 风景园林，2020，27（10）：37-42.

[47] SAHRAOUI Y，LESKI C D，BENOT M L，et al. Integrating ecological networks modelling in a participatory approach for assessing impacts of planning scenarios on landscape connectivity[J]. Landscape and Urban Planning，2021：209.

[48] JAHANISHAKIB F，SALMANMAHINY A，MIRKARIMI S H，et al. Hydrological connectivity assessment of landscape ecological network to mitigate development impacts[J]. Journal of Environmental Management，2021：296.

[49] 俞孔坚．生物保护的景观生态安全格局 [J]. 生态学报，1999（1）：10-17.

[50] 刘颂，刘蕾．基于生态安全的区域生态空间弹性规划研究——以山东省滕州市为例 [J]. 中国园林，2020，36（2）：11-16.

[51] 刘滨谊，王云才，刘晖等．城乡景观的生态化设计理论与方法研究 [C]// 中国风景园林学会．中国风景园林学会 2009 年会论文集．北京：中国建筑工业出版社，2009：364-369.

[52] 李绥，石铁矛，付士磊等．南充城市扩展中的景观生态安全格局 [J]. 应用生态学报，2011，22（3）：734-740.

[53] YU K J. Security patterns and surface model in landscape ecological planning[J]. Landscape and Urban Planning，1996，36（1）.

[54] 李方正，黄槟铭，李雄．基于生态系统服务理论的"城市绿地系统规划"课程内容优化 [J]. 中国林业教育，2021，39（5）：44-47.

[55] SHEN J K，WANG Y C. Allocating and mapping ecosystem service demands with spatial flow from built-up areas to natural spaces[J]. Science of the Total Environment，2021：798.

[56] GRET-REGAMRY A，ALTWEGG J，SIREN E A，et al. Integrating ecosystem services into spatial planning—A spatial decision support tool[J]. Landscape and Urban Planning，2016：165.

[57] TALEN E. The Social Equity of Urban Service Distribution：An Exploration of Park Access in Pueblo，Colorado，and Macon，Georgia[J]. Urban Geography，1997，18（6）：521-541.

[58] 尹海伟，孔繁花，宗跃光．城市绿地可达性与公平性评价 [J]. 生态学报，2008（7）：3375-3383.

[59] 赵兵，李露露，曹林．基于 GIS 的城市公园绿地服务范围分析及布局优化研究——以花桥国际商务城为例 [J]. 中国园林，2015，31（6）：95-99.

[60]　JENNINGS V, JOHNSON G C, GRAGG R. S. Promoting Environmental Justice Through Urban Green Space Access: A Synopsis[J]. Environmental Justice, 2012, 5（1）: 1-7.

[61]　KABISCH N, HAASE D. Green Justice or Just Green? Provision of Urban Green Spaces in Berlin, Germany[J]. Landscape and Urban Planning, 2014, 122: 129-139.

[62]　李石. 论罗尔斯正义理论中的"优先规则"[J]. 哲学动态, 2015（9）: 68-74.

[63]　马淇蔚, 李咏华, 范雪怡. 老龄社会视角下的绿地空间可达性研究——以杭州市为例[J]. 经济地理, 2016, 36（2）: 95-101.

[64]　HAASE D, FRANTZESKAKI N, ELMQVIST T. Ecosystem Services in Urban Landscapes: Practical Applications and Governance Implications[J]. AMBIO, 2014, 43（4）: 407-412.

[65]　KOPROWSKA K, KRONENBERG J, KUŹMA I B, et al. Condemned to green? Accessibility and attractiveness of urban green spaces to people experiencing homelessness[J]. Geoforum, 2020, 113: 1-13.

[66]　KABISCH N, STROHBACH M, HAASE D, et al. Urban green space availability in European cities[J]. Ecological Indicators, 2016, 70: 586-596.

[67]　LANGEMEYER J, CONNOLLY J J T. Weaving notions of justice into urban ecosystem services research and practice[J]. Environmental Science & Policy, 2020, 109: 1-14.

[68]　WOLCH J R, BYRNE J, NEWELL J P. Urban green space, public health, and environmental justice: The challenge of making cities 'just green enough'[J]. Landscape and Urban Planning, 2014, 125: 234-244.

[69]　KABISCH N, FRANTZESKAKI N, PAULEIT S, et al. Nature-based solutions to climate change mitigation and adaptation in urban areas: perspectives on indicators, knowledge gaps, barriers, and opportunities for action[J]. Ecology and society, 2016, 21（2）: 39.

[70]　MEEROW S, NEWELL J P. Urban resilience for whom, what, when, where, and why?[J]. Urban Geography, 2018, 40（3）: 309-329.

[71]　RIGOLON A. A complex landscape of inequity in access to urban parks: A literature review[J]. Landscape and Urban Planning, 2016, 153: 160-169.

[72]　RIGOLON A, NÉMETH J. What Shapes Uneven Access to Urban Amenities? Thick Injustice and the Legacy of Racial Discrimination in Denver's Parks[J]. Journal of Planning Education and Research, 2021, 41（3）: 312-325.

[73]　VENTER Z S, BARTON D N, GUNDERSEN V, et al. Urban nature in a time of

crisis: recreational use of green space increases during the COVID-19 outbreak in Oslo, Norway[J]. Environmental research letters, 2020, 15 (10): 104075.

[74] SAFRANSKY S. Greening the urban frontier: Race, property, and resettlement in Detroit[J]. Geoforum, 2014, 56: 237-248.

[75] WÜSTEMANN H, KALISCH D, KOLBE J. Access to urban green space and environmental inequalities in Germany[J]. Landscape and Urban Planning, 2017, 164: 124-131.

[76] ZUNIGA-TERAN A A, GERLAK A K, ELDER A D, et al. The unjust distribution of urban green infrastructure is just the tip of the iceberg: A systematic review of place-based studies[J]. ENVIRONMENTAL SCIENCE & POLICY, 2021, 126: 234-245.

[77] LI L, DU Q, REN F, et al. Assessing Spatial Accessibility to Hierarchical Urban Parks by Multi-Types of Travel Distance in Shenzhen, China[J]. International Journal of Environmental Research and Public Health, 2019, 16 (6): 1038.

[78] LA ROSA D. Accessibility to greenspaces: GIS based indicators for sustainable planning in a dense urban context[J]. Ecological Indicators, 2014, 42: 122-134.

[79] LI Q, PENG K, CHENG P. Community-Level Urban Green Space Equity Evaluation Based on Spatial Design Network Analysis (sDNA): A Case Study of Central Wuhan, China[J]. International Journal of Environmental Research and Public Health, 2021, 18 (19): 10174.

[80] DONY C C, DELMELLE E M, DELMELLE E C. Re-conceptualizing accessibility to parks in multi-modal cities: A Variable-width Floating Catchment Area (VFCA) method[J]. Landscape and Urban Planning, 2015, 143: 90-99.

[81] FENG S, CHEN L, SUN R, et al. The Distribution and Accessibility of Urban Parks in Beijing, China: Implications of Social Equity[J]. International Journal of Environmental Research and Public Health, 2019, 16 (24): 4894.

[82] FAN P, XU L, YUE W, et al. Accessibility of public urban green space in an urban periphery: The case of Shanghai[J]. Landscape and Urban Planning, 2017, 165: 177-192.

[83] CSOMÓS G, FARKAS Z J, KOLCSÁR R A, et al. Measuring socio-economic disparities in green space availability in post-socialist cities[J]. Habitat International, 2021, 117: 102434.

[84] XIE B, AN Z, ZHENG Y, et al. Healthy aging with parks: Association between park accessibility and the health status of older adults in urban China[J].

SUSTAINABLE CITIES AND SOCIETY, 2018, 43: 476-486.

[85] GUO M, LIU B, TIAN Y, et al. Equity to Urban Parks for Elderly Residents: Perspectives of Balance between Supply and Demand[J]. International Journal of Environmental Research and Public Health, 2020, 17 (22): 8506.

[86] SIKORSKA D, ŁASZKIEWICZ E, KRAUZE K, et al. The role of informal green spaces in reducing inequalities in urban green space availability to children and seniors[J]. Environmental Science & Policy, 2020, 108: 144-154.

[87] MAAS J, VERHEIJ R A, DE VRIES S, et al. Morbidity is related to a green living environment[J]. JOURNAL OF EPIDEMIOLOGY AND COMMUNITY HEALTH, 2009, 63 (12): 967-973.

[88] BOLTE G, TAMBURLINI G, KOHLHUBER M. Environmental inequalities among children in Europe-evaluation of scientific evidence and policy implications[J]. EUROPEAN JOURNAL OF PUBLIC HEALTH, 2010, 20 (1): 14-20.

[89] WILKERSON M L, MITCHELL M G E, SHANAHAN D, et al. The role of socio-economic factors in planning and managing urban ecosystem services[J]. Ecosystem Services, 2018, 31: 102-110.

[90] HOFFIMANN E, BARROS H, RIBEIRO A. Socioeconomic Inequalities in Green Space Quality and Accessibility—Evidence from a Southern European City[J]. International Journal of Environmental Research and Public Health, 2017, 14 (8): 916.

[91] ARSHAD H S H, ROUTRAY J K. From socioeconomic disparity to environmental injustice: the relationship between housing unit density and community green space in a medium city in Pakistan[J]. Local Environment, 2018, 23 (5): 536-540.

[92] ANGUELOVSKI I, BRAND A L, CONNOLLY J J T, et al. Expanding the Boundaries of Justice in Urban Greening Scholarship: Toward an Emancipatory, Antisubordination, Intersectional, and Relational Approach[J]. Annals of the American Association of Geographers, 2020, 110 (6): 1743-1769.

[93] JOHNSON GAITHER C. Smokestacks, Parkland, and Community Composition[J]. Environment and Behavior, 2015, 47 (10): 1127-1146.

[94] KABISCH N, FRANTZESKAKI N, HANSEN R. Principles for urban nature-based solutions[J]. Ambio, 2022, 51 (6): 1388-1401.

[95] CONTI M E, BATTAGLIA M, CALABRESE M, et al. Fostering Sustainable Cities through Resilience Thinking: The Role of Nature-Based Solutions (NBSs): Lessons Learned from Two Italian Case Studies[J]. Sustainability, 2021,13 (22): 12875.

[96]　DRAUS P，HAASE D，NAPIERALSKI J，et al. Wastelands，Greenways and Gentrification：Introducing a Comparative Framework with a Focus on Detroit，USA[J]. Sustainability，2020，12（15）：6189.

[97]　SYRBE R，NEUMANN I，GRUNEWALD K，et al. The Value of Urban Nature in Terms of Providing Ecosystem Services Related to Health and Well-Being：An Empirical Comparative Pilot Study of Cities in Germany and the Czech Republic[J]. Land，2021，10（4）：341.

[98]　FLACKE J，SCHÜLE S，KÖCKLER H，et al. Mapping Environmental Inequalities Relevant for Health for Informing Urban Planning Interventions—A Case Study in the City of Dortmund，Germany[J]. International Journal of Environmental Research and Public Health，2016，13（7）：711.

[99]　LIOTTA C，KERVINIO Y，LEVREL H，et al. Planning for environmental justice - reducing well-being inequalities through urban greening[J]. Environmental Science & Policy，2020，112：47-60.

3

城乡绿地布局的理论与实践

3.1 城乡绿地概念界定

3.1.1 绿地

《辞海》对绿地的定义为："凡是生长植物的土地，不论是自然植被或人工植被，包括农林牧生产用地及园林用地，均可称为绿地。"由此可见"绿地"是一个没有边界范围的概念，凡是生长植物的土地均包含在内，包括森林、草地等自然植被和城市绿化、农业生产等人工植被，也包括风景名胜区和城市公园等植物种植率极高的地块。然而，人们往往狭隘地将"绿地"理解为"城市绿化用地"，既给绿地界定了一个行政空间范围，又抛弃了绿地中的游憩小径和设施空间用地，还舍弃了农业生产用地。因此，"绿地"是一个内涵模糊且不具有专业规范性的名词。

3.1.2 城市绿地

《城市规划基本术语标准》GB/T 50280—98 将"城市中专门用以改善生态，保护环境，为居民提供游憩场地和美化景观的绿化用地"称为"绿地"，既是指狭义的"绿地"，也是业内普遍理解的"城市绿地"。在《风景园林基本术语标准》CJJ/T 91—2017 中对城市绿地的定义为："城市中以植被为主要形态且具有一定功能和用途的一类用地。"由以上两个标准可知，在城市规划学科中的"绿地"与风景园林学科中的"城市绿地"意义相同，且均给城市绿地界定了城市规划区的边界范围。

为区别狭义的"城市绿地"，有学者界定了"市域绿地"的概念 [1-6]。"市域绿地"也包含广义与狭义之分。广义的市域绿地是指城市行政管辖地域范围内的全部绿地，而狭义的市域绿地是城市规划区以外、城市行政管辖地域以内的绿地，是与《风景园林基本术语标准》CJJ/T 91—2017 中"城市绿地"并列的概念。其中，市域绿地的狭义概念应用较为广泛。

3.1.3 城乡绿地

在中国城乡统筹发展的背景下，第十届全国人民代表大会常务委员会第三十次会议通过《中华人民共和国城乡规划法》，城市绿地的研究范畴也因此扩展至市域范围。

《城市绿地分类标准》CJJ/T 85—2017 中对城市绿地的定义为："城市行政区域内以自然植被和人工植被为主要存在形态的用地"，明确了城市绿地边界范围为城市行政区域。它包含城市建设用地范围内用于绿化的土地，还包含城市建设用地外行政区域内，对生态、景观和居民休闲生活具有积极作用、绿化环境较好的区域。《城市绿地分类标准》CJJ/T 85—2017 对城市绿地的广义理解，有利于建立科学的城乡统筹绿地系统，也有利于与国土空间规划保持一致的研究范畴。因此，本书将《城市绿地分类标准》CJJ/T 85—2017 中广义城市绿地的概念称为城乡绿地，包含了上文所述绿地、城市绿地、市域绿地的全部内涵。

3.2　游憩学导向下的城乡绿地布局

游憩是在闲暇时间发生的，以实现参与者益智益趣、体验自然、恢复体力精力的行为。合理适宜的游憩活动是一种能量生产过程，能够促进人们在日常工作中的学习和工作[7]。因此，以人的游憩行为、游憩方式、游憩需求、游憩观念、游憩心理、游憩动机等为研究对象，探索游憩与人的生命意义和价值，以及游憩与社会进步、人类文明的相互关系的学科产生了，即游憩学[8]。

纵观历史，无论是中国先秦时期的滨水祓禊活动，还是西方古希腊的圣林祭祀活动，都使人类依托自然山水树木满足了其游憩需求。人类的游憩活动在历史的长河中延绵发展，促进了园林或花园的产生与发展，最终成就了世界三大古典园林体系（中国、西亚、古希腊）[9]。1933 年，国际现代建筑协会发表的《雅典宪章》将游憩列为城市四大功能之一，与城市的居住、工作、交通三个基本功能一起成为城市规划师综合考虑城市建设与发展的决定性因素。

3.2.1　公园运动与公园系统

世界上第一个城市公园——伯肯海德公园（Birkinhead Park），于 1843 年诞生于英国利物浦，由市政府用税收建造，公众可免费使用。公园的概念中，"公"体现了向公众开放，"园"即以游憩为主要功能。因此，公园的规划建设在游憩学导向下展开。19 世纪后期，随着工业社会的发展，以"保障公众健康、提高工作效率、浸渍道德精神、促进城市地价增值"为建设目标，欧洲、北美主要城市掀起了城市"公园运动"（Park Movement），形成了城市公园的建设高潮[1]。

美国景观设计之父奥姆斯特德在成功规划建设了纽约中央公园后，尝试通过公园路的形式将几个公园联系起来。1868 年，奥姆斯特德在纽约州布法罗市已建成的放射形道路的基础上，规划整合了由公园路（宽度61m）连接三个公园组成的公园系统。1880年，奥姆斯特德又利用60~450m宽的带状绿地，将数个公园连为一体，在东海岸波士顿市中心打造了优美宜人的波士顿公园体系。奥姆斯特德的公园系统规划尝试通过道路、水系等城市线性空间为市民提供丰富、连续的游憩场所，初步形成了公园系统的整体布局思想。美国1883年双子城、1900年华盛顿和1903年西雅图等城市的规划，都受到城市公园系统布局思想的影响。

3.2.2 田园城市

霍华德（HOWARD E）提出的田园城市理论是以居民的生活游憩需求为导向，从城市整体结构考虑城市绿地布局的典型理论。田园城市的绿地布局可以概括为"一核两环六射"：一核是占地58hm²的中央公园，其间布置有音乐厅、图书馆、剧院等大型公共建筑，成为城市休闲游憩的核心；在五个住宅圈层的中间位置规划有宽128m、长4.8km的环形绿带——大林荫道，林荫道与学校、教堂结合，满足居民日常的生活、游憩需要；在城市最外围有2023.4hm²的土地为永久性绿地，供城市农牧产业使用外，还为城市居民提供接触自然的郊游环带；六条林荫大道呈放射状从中央公园通向郊野，纵向上将一核两环联系起来，方便居民在各种游憩绿地中的穿行。从田园城市方案来看，城市中绿地无处不在，从分散到集中，从人工到自然，均能满足居民的各种户外游憩需求。张京祥认为霍华德是近代人本主义的城市规划思想家，把关心人和陶冶人作为城市规划与建设的指导思想[10]。田园城市的思想内核是社会改革的主张，健康、游憩、教育被霍华德以放大的字体写在他的著作的封面草图上（图3-1）。

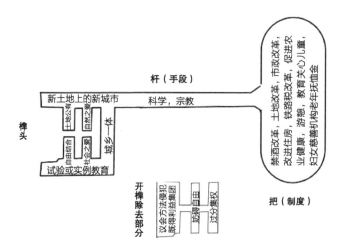

图3-1 霍华德绘制的封面草图"万能钥匙"
（图片来源：参考文献[10]）

当代的城乡绿地布局研究中，也有学者以市民的游憩需求为指导规划城乡绿地布局。例如：李迪华、范闻捷对北京市离退休居民到城市公园绿地游憩行为作了调查后认为，在中国城市走向老龄化社会的背景下，现有的城乡绿地系统不能满足老年人的游憩需求[11]。谷康、曹静怡通过对扬州城市居民的访谈、问卷调查和观察，根据居民的游憩需求划分绿地游憩服务层级，构建城市游憩廊道，形成"均衡布点、呈网布线、点线相连、绿屏环绕"的扬州市绿地系统布局结构[12]。

3.2.3 公园城市

进入 21 世纪，为适应人民日益增长的休闲游憩需求，中国政府掀起公园城市的规划建设热潮。公园城市通过突出以人为中心的发展思想，坚持以人为核心改进城市建设，引导城市发展由工业为先回归人本为先，从生产需求转向生活导向，高质量发展、高品质生活并重。公园城市突出人的游憩需求，强调公园的服务半径，根据人的步行舒适距离提出 300m 见绿、500m 见园的规划目标。同时，通过扩建、补充生态绿道，串联城市公园，科学布局建设便于进入、方便参与的休闲游憩和公共绿色空间，实现城市公共空间与环境有机融合、休闲体验与身心健康相统一。

生态文明建设背景下，公园城市具有人文、生态、美学等一系列体现时代特点的重要价值。人文价值：公园城市通过构建多元文化场景和特色文化载体，在城市历史传承与变化中留下绿色文化烙印，以美化人、以文育人。生态价值：公园城市通过在城市中山水林田湖草生命共同体的构建、高品质绿色空间体系的布局，由"城市中的公园"升级为"公园中的城市"，形成人与自然和谐发展的新格局。美学价值：公园城市用美学观点审视城市发展，通过以形建城、以绿营城、以水化城，将城市全部景观紧密有机结合，形成具有美学价值的现代城市新意象。生活价值：公园城市坚持以让市民生活更美好为方向，着力优化绿色公共服务，在城市绿色空间中设置高品质生活场所，达到闲适城市生活与美丽生态环境相融合。经济价值：公园城市坚持创新作为发展，构建资源节约、环境友好的生产方式，建立生态经济和绿色资源体系，发展新经济，培育新动能，推动转型发展新途径。

成都市天府新区对公园城市的建设路径进行了积极探索，坚持规划先行，推动城市格局由"两山夹一城"向"一山连两翼"转变；通过完善城市建筑高度和形态色彩管控体系，塑造反映地域文化的"新中式"建筑，实现从"空间建造"到"场所营造"的转变，着力彰显了大气秀丽、生态宜居的城市形态，彰显公园城市美学价值；通过统筹大熊猫国家公园、世界遗产公园等大量公园建设，规划建造 1.7 万公里天府绿道体系，深入推进都江堰和川西林盘保护修复工程，彰显了绿满锦官、花重蓉城的城市绿韵，彰显了绿水青山的生态价值；通过规划建设天府锦城、艺术中心等一批体现成都文化特质、蕴含城市精神的文化地标建筑，高标准打造世界文创旅游名城、国际美食之都、音乐会展之都，努力把成都建设成为独具人文魅力的世界文化名城，增强"美丽宜居公园城市"的国际识别度、美誉度，彰显蜀风雅韵、优雅时尚的城市文化；通过利用生态价值外溢带来的消费客流，在公园绿道建设中同步植入优质时尚商业元素，构建遗产观光、时尚购物、美食体验等旅游产品体系，彰显舒适安逸、简约低碳的城市魅力 [13]。

3.3　生态学导向下的城乡绿地布局

1962 年，美国生物学家雷切尔·卡逊的《寂静的春天》一书问世，犹如旷野中的炸雷，敲响了人类将因为破坏环境而受到大自然惩罚的警钟。生态学的思想开始受到重视，麦克哈格在其划时代的《设计结合自然》一书中提倡用生态学的视角来认识和适应世界，提倡尊重自然、适应自然的规划思想，并提出了"千层饼"的系统分析方法，引导生态规划向系统理性的方向发展。

生态学（Ecology）是研究有机体与环境相互关系及其作用机理的科学。生态（包括生物类群、生境类型、生存环境、生命过程、生命演化等）的复杂性决定了生态学科的多样性。生态学与绿地布局紧密相关的应用型分支学科包括城市生态学（Urban Ecology）和景观生态学（Landscape Ecology）。城市生态学是研究城市空间范围内生命系统和环境系统之间联系的学科，也是研究城市居民与城市环境之间相互关系的科学。在一个相当大的区域内，对许多不同生态系统所组成的整体（即景观）的空间结构、协调功能、相互作用及动态变化进行研究，被称为景观生态学，其重点研究"在较大的空间和时间尺度上"生态系统的空间格局及生态过程，是生态学和地理学的交叉学科。

3.3.1　城市生态学导向下的生态网络布局

城市的快速发展使城市内部及其周边的生态系统恶化、自然栖息地结构丧失、物种消亡。为了保护生物多样性和改善城市环境，学者们基于城市生态学原理提出了城乡绿地的生态网络布局理论。1991 年，英国学者汤姆·特纳在"伦敦的绿色战略"报告中，提出了发展一系列相互叠加的网络的绿色战略。1999 年理查德·罗杰斯在《迈向城市复兴》的报告中再次重申了将城乡绿地连城一体的重要性 [14]。美国新英格兰地区绿地生态网络规划和马里兰州绿地网络规划与实践具有一定的开拓性指导意义。在亚洲，新加坡和日本在地方和场所尺度的规划实践较有成效，尝试建立多目标、多尺度的城乡绿地生态网络体系 [15]。

在中国，刘滨谊主持的"十一五"国家科技支撑计划"城镇绿地生态构建和管控关键技术研究与示范"中，就绿地生态网络建设的关键技术难点进行了研究，认为功能、结构、尺度、动态性、多样化、多途径是绿地生态网络规划研究的关键词；提出在城镇绿地生态网络识别与分析中，网络的适宜性评价、网络的阻力面评价和网络的连接度评价是最为核心的三大应用技术，并在国内首次实现网络分析评价技术的集成；首次提出城镇绿地生态空间分布及生态网络构建模式、人工绿地生态空间及网络构建模式、复合绿地生态空间网络构建模式，并基于此提出了基于自然景观保护的生态网络规划与构建技术、基于生物多样性保护的绿地生态网络规划与构建技术、基于文化景观保护的绿地生态网络规划及构建技术 [16]。基于生态网络构建的绿地生态功能优化关键技术研究的核心技术已经广泛应用于上海市绿地生态网络、扬州市绿地网络和沈阳市卧龙湖生态区的生态网络体系的实践中。经过近 30 年的研究与实践，绿地生态网络理论已被世界各地广泛接受和认同。

3.3.2 景观生态学导向下的绿色基础设施布局

绿色基础设施（Green Infrastructure）概念由美国保护基金会和农业部森林管理局在 1999 年从区域持续发展的角度提出：一个由自然区域（水系、湿地、林地、野生物栖息地等）、保护区域（绿道、公园等）、农业区域（农场、牧场和森林等）、荒野和其他开敞空间所组成的相互连接的网络 [17]。美国认为绿色基础设施是"国家的自然生命支撑系统"，其核心是由自然环境决定土地使用，将社区发展融入自然，建立系统性生态功能网络结构，从而指导可持续土地利用与开发模式。绿色基础设施的空间布局方法以景观生态学为理论基础，以网络中心和连接廊道为关键要素，将自然资源分成中心、桥、环、分支、边缘、孔、岛，各要素互不重叠，其中"中心"为绿色基础设施的网络中心，"桥"为连接廊道，在"斑块—廊道—基质"理论、景观格局分析理论、景观异质性和多样性理论、景观连接度和渗透理论的指导下，将"中心"与"桥"连接构建绿色基础设施网络 [18]。

美国马里兰州 2001 年绿图计划（Maryland's Green Print program）构建了绿色基础设施评价体系（Green Infrastructure Assessment，GIA），识别出研究区域内毗连的网络中心和相互联系的连接廊道，由州政府在 5 年内拨款 1.45 亿美元加以保护，发展了功能健全的庞大绿色基础设施系统，是近代绿色基础设施规划的代表 [19]。2004 年，英国剑桥半岛和剑桥郡议会成立绿色基础设施组织，由政府出资，开展剑桥亚区域绿色基础设施规划研究与实践。中国学者付喜娥以剑桥亚区域绿色基础设施规划为案例，详细介绍了绿色基础设施构建的步骤：①确定规划目标②数据查证识别景观资源特征③识别评估网络中心及连接廊道④绿色基础设施格局与规划⑤综合评估⑥实施与管理。[20]

在中国的绿色基础设施规划与实践中，珠三角和长三角地区较为领先。早在 20 世纪 90 年代末吴良镛院士主持的国家自然科学基金"八五"重点项目"发达地区城市化进程中建筑环境的保护与发展研究"（批准号 59238150）中，就对苏锡常地区的绿地空间进行了专题研究。李敏负责该专题的主要研究工作，根据维持生态系统平衡的阈值原理提出了生态要素阈值法，指导苏锡常地区对生态绿地系统规划总量指标的控制[21]。进入 21 世纪，根据区域协调发展的需要，江苏省组织编制了《苏锡常都市圈绿化系统规划》和《环湖绿廊总体规划》，从跨市域的区域角度构建绿色基础设施框架。《苏锡常都市圈绿化系统规划》体现了生态优先、多目标综合、多功能复合的理念与内涵，统筹了生态保护与绿色发展的关系，对改善苏锡常都市圈生态环境、提升城乡发展品质、推进城市区域的转型发展等具有重要的指导价值。在《环湖绿廊总体规划》中科学分析、评价了环太湖区域生态现状，提出了"开放式、双圈层"的环湖绿廊布局体系、建设指引与实施措施，对环湖绿廊的深化规划与组织实施具有重要的指导性[22]。

3.4 地理学导向下的城乡绿地布局

地理学是一门研究地理要素（地理综合体）时间演变过程、空间分布规律和区域特征的学科[23]。地理要素指地球表层的水、土壤、大气、生物和人类活动。地理综合体是由地理要素组成的一个生态系统，一个城市，或者是城市的一个街区。地理学是自然科学与人文科学的交叉学科，自然地理和人文地理是地理学的两个主要分支[24]。

3.4.1 自然地理学导向下的城市绿色空间格局

自然地理主要研究地理环境的特征、结构及其地域分异规律的形成和演化规律。现代城市规划史中深具影响力的帕特里克·盖迪斯（GEDDES P）将城市置于区域自然背景中进行考虑，按自然区域的特征搭建城市规划的基本框架，形成了比较完整与科学的区域规划理论。盖迪斯的区域观与自然观准确把握了绿色空间和城市空间结构的关系，把自然地理学与城市规划紧密地结合在一起。地理信息系统、遥感和计算机等相关技术的发展为分析自然空间格局和发展过程提供了保障。

自然地理学导向下的城乡绿地布局研究主要是对全球主要城市的绿地空间分异、演化过程和演变机制的分析[25-28]；应用的技术手段包括多元线性回归[29]、GIS-Logistic 耦合模型[30]、主成分—灰色关联耦合[31] 等方法。例如，李方正研究了北京市中心城 1992—2016 年绿色空间格局的演变规律，利用偏最小二乘回归分析模型，从自然、社会经济方面揭示演变机制，为北京市中心城绿色空间布局提供了优化策略[32]。

3.4.2　人文地理学导向下的城乡绿地发展模拟

人文地理主要研究各种人文现象的地理分布、扩散和变化情况，研究人类社会活动地域的形成、发展规律。人文地理学的介入把城乡绿地的研究视野扩展到区域层面。1964 年菲利普·刘易斯（LEWIS P H）在威斯康星州梳理出了沿着河流和排水区域的环境敏感区，同时还鉴定了很多文化资源，将 220 个具有游憩价值的自然和文化资源纳入规划，使区域散布的文化遗产被连续的绿地系统串联到一起，形成了著名的威斯康星州遗产廊道。

当代的现实学科需求要求在空间分析、数字模拟预测等技术手段辅助下，充分认识社会和文化现象在地表环境变化中的综合作用及驱动机制，使人文地理学研究更加整体、更加前瞻、更加量化[24]。例如，王旭等基于湖北省 2010 年、2015 年土地利用数据和包含自然和人文因素的 15 种驱动因子数据，利用 FLUS 模型对 2035 年的湖北省生态空间进行了模拟预测，设置的生产空间、生活、生态空间优先、综合空间优化 4 种不同情景，适应了长江大保护和长江经济带绿色发展的不同导向需求，为湖北省未来生态空间管控提供了多角度、多方向的政策决策参考[33]。

3.5　形态学导向下的城乡绿地布局

形态学（Morphology）是以格论和拓扑学为基础的图像分析学科，是数学形态学图像处理的基本理论。形态学的基本原则是利用结构元来测量或提取输入图像中的特征，并进一步进行图像分析以至目标识别。基于形态学的城乡绿地布局主要有"点、线、面"布局和基于图式语言的生态空间布局两种模式。

3.5.1　点、线、面布局

中华人民共和国成立初期，城乡绿地布局强调"点、线、面"相结合，重视绿地按规模大小分级管理和就近服务。城市绿化中，"点"是指公园、小游园等整体设施；"线"是指行道树、绿带、防护绿地等线状设施；"面"是指街坊小区庭院绿地等小块附属绿地联结而成的多孔隙网[34]。

为适应城市建设空间绿地规划，点、线、面布局理论又拓展出"绿带""绿心""楔状绿地"等几个经典形态，在满足维护城市环境质量、提供休憩空间的要求下，通过强化城乡绿地形态以导控城市形态。例如：伦敦 1929 年所做的环城绿带规划与建设成为控制城市圈层式蔓延的一种手段；莫斯科 1945 年规划了连接市中心与郊区森林的 8 条绿化带，以此消除城乡差别，避免城市空间粘连。

点线面布局理论从形态学的角度入手，根据城乡绿地的存在形态进行分类，以系统论为指导，将各种形态的绿地组织为一个整体，综合发挥城乡绿地的生态、景观、文化、游憩等功能。经过多年的理论研究与实践，学者们将点、线、面布局理论概括为 8 种基本模式（图 3-2）：点状、环状、网状、带状、指状、楔状、放射状、放射环状。半个世纪以来，"点、线、面"分析法是绿地系统规划中的常用方法，被写入各类城乡绿地规划教材，成为专业学习的基础理论。徐雁南分析了我国多个城市的绿地系统，发现布局形式多是采用以上一种或多种模式的组合，最终形成点、线、面结合的完整系统[36]。

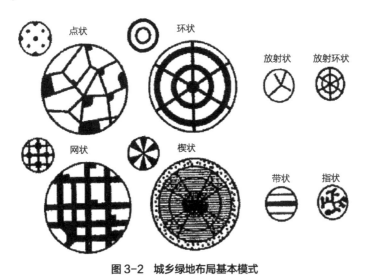

图 3-2 城乡绿地布局基本模式
（图片来源：参考文献[35]）

3.5.2 基于图式语言的生态空间布局

图式语言是美术教学中的一种基本理论和方法，伯努瓦·B.曼德布罗特在《大自然的分形几何学》一书中，从分形几何学的角度对自然界中广泛存在的形态相似性进行了研究。景观图式语言将景观的语言研究和景观的图式化研究结合在一起呈现。在我国，王云才长期关注景观优秀样本空间的组织结构和形成机制，以江南水乡传统村落为对象，进行了大量的景观图式语汇提取、景观空间图式逻辑关系研究，提出了以风景园林图式语言来解决文化景观地方多样性及其传承问题，包含了空间格局与特征、尺度转换与嵌套机理、典型空间与图式语言、图式语言的演变、图式语言有效性验证五个方面的研究内容，奠定了风景园林图式语言的基本框架和体系[37]。

基于图式语言的城乡生态空间布局主要包括以下几个匹配步骤：①在图式语汇中寻找与场地景观环境相匹配的设计原型；②耦合与匹配场地生态与场地规划过程；③匹配场地一体化过程与图式语汇及组合空间。

3.6 气象学导向下的城乡绿地布局

气象学是把大气当作研究的客体，是研究大气中物理现象和物理过程及其变化规律的科学。第一次工业革命期间，由于城市的快速发展，城乡之间气象要素上的差异被注意并记录。1818年，英国的何华德出版了《伦敦气候》，结合气象图描述了城市气象的特征。1937年，德国的克拉采尔出版了《城市气候》，对20世纪30年代以前的城市气候研究工作进行了总结，是世界上第一本城市通论性气候著作。进入21世纪，人类活动造成的温室效应、臭氧空洞等气象问题日益突出，气象学的研究成果及应用正日益受到各学科的重视。

21世纪初，我国学者王绍增、李敏从气象学的角度研究了城市空气污染降解机理与城乡绿地的关系，通过半定量的研究论证，认为将城市或其组团的面积控制在25km²，各组团间规划宽500m的隔离绿带，可以减小城市中心污染集中的程度。城市组图中心规划约1km²大型绿心，可以分散污染的集中程度。由此提出了静风条件下城市组团生态绿地布局的理想模式（图3-3）和季风地区城市生态绿地系统布局的理想模式（图3-4）。考虑到城市热岛效应、城市空气通道的布置及城市氧源地的布置等方面的因素，王绍增、李敏还提出了根据风向玫瑰图布置氧源绿地的方法，将城市的风向玫瑰图和平面图叠加，并按倍数放大风向玫瑰图，即可得到城市氧源绿地布局图（图3-5）[38, 39]。

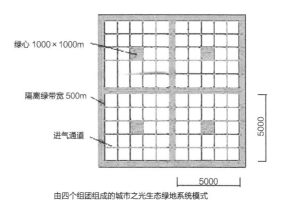

绿心 1000×1000m

隔离绿带宽 500m

进气通道

5000

5000

由四个组团组成的城市之光生态绿地系统模式

图3-3 静风条件下城市组团生态绿地布局理想模式图
（图片来源：参考文献[38, 39]）

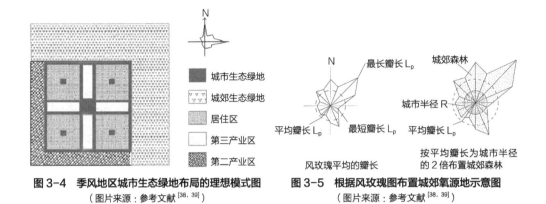

图3-4 季风地区城市生态绿地布局的理想模式图
（图片来源：参考文献[38, 39]）

图3-5 根据风玫瑰图布置城郊氧源地示意图
（图片来源：参考文献[38, 39]）

3.7 防灾学导向下的城乡绿地布局

1871年10月9日，芝加哥发生大火，中心市区受灾面积达730hm²，受灾人口10万人。在灾后重建规划中，奥姆斯特德与沃克斯规划的南部公园区和威廉·杰妮规划的西部公园区，都有意识地通过公园路等绿色开敞空间将分散的公园连成公园系统，分隔建筑密度高的区域，达到防止火灾蔓延、提高城市抵抗自然灾害能力的目的，成为防灾型绿地布局的先驱。

在1921年9月日本的关东大地震中，公园、广场、河边空地成为地震时的避难场所，公园绿地的防灾避险功能受到人们的重视。东京灾后重建规划方案将散布于市区内的各种规模的公园有机联系起来，体现出公园系统化的意图。按照规划，在受灾区域建设了52处小公园，平均面积3000m²，尽量设置在受灾区与小学校相邻的地带，平时满足市民休闲游憩需要，非常时刻则成为安全避难地。

城乡绿地防灾避险的作用在我国2008年"5·12"汶川大地震中再一次得到充分证明。2008年9月16日，住房和城乡建设部出台了《关于加强城市绿地系统建设提高城市防灾避险能力的意见》，要求各地完成城市绿地系统防灾避险规划。2018年住房和城乡建设部发布了《城市绿地防灾避险设计导则》，导则中将我国的防灾避险绿地分为长期避险绿地、中短期避险绿地、紧急避险绿地和城市隔离缓冲绿带4类，并对各类绿地的分级配置、服务半径、有效避险面积、防灾避险容量等做出规定。对于防灾避险绿地设计，提出了在选址、分区设计、竖向设计、道路与铺装设计、种植设计、设施配置设计方面与防灾避险功能密切相关的设计原则和量化要求。

刘颂采用层次分析法构建了城市防灾避险绿地布局适宜性评价指标体系，将量化研究与空间分析相结合，使分析结果直接应用于空间规划[40]。刘纯青[41]、费文君[42, 43]、申雪璟[44]等学者，强调防灾避险绿地布局的空间层次性，从宏观、中观、微观层面提出布局原则。城市防灾避险绿地布局是关乎生命的时空布局，需要综合考虑人的各种疏散避难需求，对时间性的要求较为严格。因此，满足灾民第一时间避灾需求的社区级避险绿地布局与承担灾后安置功能的固定避险绿地布局同样重要。申雪璟研究分析了安全社区理念、防灾生活圈理念和防灾分区思想后，提出了社区层次、防灾分区层次和城市层次三个相互联系的防灾避险绿地布局模型[44]。

3.8　社会学导向下的城乡绿地布局

起源于 19 世纪末期的社会学，是一门研究社会客观事实（社会行为、结构问题等）、主观事实（人性、社会学心理等）的拥有多重范式的学科，是从社会哲学演化出来的现代学科。1961 年简·雅各布斯（Jane Jacobs）的《美国大城市的死与生》对工业革命的负面影响和现代城市问题进行了无情批判，引发了世界范围内对于城市发展问题和现代社会问题的深刻思考。

3.8.1　开放空间优先布局

对由社会问题引发的环境思考，早在 20 世纪 60 年代，美国学者希斯曼等在犹他州土地利用研究中，首先提出了"不应建设地段"（where not to build）的概念[45]，其后麦克哈格的《设计结合自然》[46]、西蒙兹的《大地景观》[47]、查宾的《城市土地利用规划》[48]等在城市与景观环境规划界有重要影响的著述都十分重视开放空间的保护与利用。20 世纪 70 年代以后逐渐形成了开放空间优先的规划思想，该思想坚持自然过程与土地开发市场相比具有优先权的自然价值观。

中国学者也提出了城市开放空间优先的思考与布局策略。王绍增认为城市旷地（Open Space）是涉及城市生命线的大问题，如果城市拥有合理的旷地，就不会出现严重的生态问题，也不会出现严重的涉及城市运转效率的交通问题和涉及国民经济支出的巨大改造拆迁问题[49]。王晓俊、王建国认为城市建设要遵循开放空间优先的原则，开放空间布局优先包括区位优先和格局优先两方面。那些与城市盛行风向相平行的绿廊与绿楔、位于夏季主导风向上方的大片林地或水面、设置于热岛中心地段的大片绿地、人口稠密而绿地匮乏地段中的公园、阻隔城市过度发展的绿带、城市组团之间的隔离绿地等都具有相对重要的空间位置，这些区位的开敞空间应优先发展；而有利于城市形成良好的自然形态、保持生态完善性、修复自然过程、提供踏脚石的开放空间格局也应优先发展[50]。

3.8.2 基于社会公平的绿地布局

公园绿地作为城市重要的公共生态产品，其资源配置和空间布局的合理性对满足人民日益增长的对文化休闲和生态环境的需求具有重要意义，因此，学界对绿地布局的公平性展开了研究。西方国家自 20 世纪 70 年代以来，对于绿地公平性的讨论经历了地域均等、空间公平、社会公平三个主要阶段[51]，并不断挖掘城乡绿地为人类提供福祉的本质属性，探讨环境正义、景观正义等内容。近代中国在社会快速发展变化的形势下，受西方资本主义思潮和实际国情需求两方面的影响，公平性实践和理论经多元融合、实践，发展出了具有中国特色的"公平与效率"理论[52]：在绿地公平性上注重对总量、人均绿地指标等宏观指标进行控制，强调城乡绿地的"均化"，在城乡绿地的供给中更多注重"空间均等"，注重城乡绿地服务的"指标"而非"公平"。城乡绿地公平性布局就是人到绿地或绿地到人的空间联系都是均等的，每个人都应该平等地享受到城乡绿地的服务[53]。目前对于绿地空间公平的研究处于现状评价和优化策略阶段，未出现代表性的绿地公平性布局模式。

可达性是绿地公平使用的最基本评价标准，其度量方法一直是研究热点。绿地可达性的测度指标主要有缓冲区分析法、最小邻近距离法、成本距离法、引力模型法等。缓冲区和最小邻近距离描述的是一个地理单元与最近城乡绿地的距离。我国普遍使用的城市公园服务半径覆盖率指标即是应用缓冲区分析法的直线距离，操作简便快速，且能在一定程度上反映公园布局的均好性。最小临近距离法则是通过道路网络测算的出行距离或者换算成出行时间，较缓冲区法更多考虑了物理距离和出行时间等实际情况。我国常用的步行距离阈值为 300~500m，换算成出行时间约为 5min。成本距离法描述的是一个地理单元通过各种空间阻力（比如距离、时间、交通方式等）到达最近城乡绿地的距离。一般通过高斯两步搜索计算到达公园的累计阻力，阻力可以通过绿地类型衰减、距离衰减、时间衰减、费用衰减形成空间阻力权重矩阵，从而评价城乡绿地的可达性[51, 54]。另外，由于人们对于绿地可达性的感知距离是影响人们对于公园使用的重要因素之一，因此，有学者将感知可达性作为衡量距离可达性的一种补充方式，反映人们对于城乡绿地远近的心理预期、感知距离的指标[55]。感知可达性一般也用距离或时间来表示，描述的是个人或群体在一个地理单元内与所认为的最近绿地的距离[56]，该数值一般通过调查问卷的形式获得。

可达性指标是"基于地"考察的空间公平问题，对社会空间的分异和社会群体的分化等"基于人"的考虑较为欠缺。例如，对老人、儿童、低收入群体的实际需求因基于地的均等性处理而被忽视，导致特定社会群体的服务分配不公问题。唐子来等认为社会公平和社会正义是基于不同需求的发展理念。社会公平理念认为各个社会群体的能力和需要相同，而社会正义理念关注能力和需要不同的社会群体，认为城乡绿地需向特定的弱势群体倾斜。因此，对弱势群体需求的关注使绿地公平性（Equity）布局发展为正义性（Justice）布局。正义性布局不仅评价不同群体的可达性差异，还考虑各自的使用需求和利用的时空限制，使评价结果更具有针对性。唐子来用份额指数和区位熵两个指标评价了上海市中心城区公共绿地的正义性布局情况[57, 58]。研究发现，老龄、外来低收入群体享有公共绿地资源与社会平均份额相近，表明上海中心城区公共绿地布局的社会正义绩效处于合理区间。社会正义绩效的空间格局表明，城乡绿地分布的社会正义绩效与特定社会群体的空间分布相关。城市社会空间分异越明显，绿地分布的社会公平性和社会正义性之间的差异也会越显著。因此，城市社会空间的极化加剧对城乡绿地公平正义布局提出了挑战。

3.8.3 多功能协同布局

城乡绿地系统具有生态、游憩、文化、防灾、景观等多种功能，如何布局城乡绿地，使其综合功能最大化发挥是规划者关注的问题。金云峰借鉴系统论方法将城乡绿地分为休闲游憩、日常防护、景观形象、生态保育4个子系统进行规划，增强绿地与城市、绿地与绿地、子系统与子系统之间的关联性、逻辑性和系统性，使"子系统"内部各元素都有内在的秩序和紧密的联系，从而由自身完善的"子系统"组建成更强大的城乡绿地"大系统"[59]。深圳的绿地系统布局就是采用该方法，突破了传统的点线面布局方式，从绿地的生态性、人文性和景观性三大功能入手，构筑多层次、多结构、多功能的绿地系统结构。其中，生态型绿地子系统由区域绿地—生态廊道体系—城市绿化空间组成；游憩型绿地子系统由郊野公园—城市公园—社区公园组成；人文型绿地子系统则由表现地区文化特色的人文景点、风景名胜、历史遗迹等组成。

郭春华结合形态学理论与协同规划原则，研究了城乡绿地空间形态生成机制，提出了城乡绿地系统多功能协同布局模式（图3-6）[60, 61]。该模式综合考虑了绿地在游憩、避灾、生态和景观等方面的功能协同作用，对各类绿地的规模、位置及形态提出了要求。模型由4个25km²的三角形组团组成，组团中心是1个面积2km²的中央公园，各组团之间设1km宽组团隔离带，其内设市级和区级公园。组团隔离带的主要功能是游憩绿道、滨水生态廊道和通风廊道。与组团隔离带成45°布置1.2~1.5km宽的区间隔离带。区间隔离带内为景观式城市干道，沿线布置城市出入口景观节点，结合城市公共设施布置景观轴线，形成城市的绿地景观系统。该模式共设4级公园绿地，大、中、小结合布置于绿地系统中，满足市民游憩和避险的需求。城市外围以3~8km

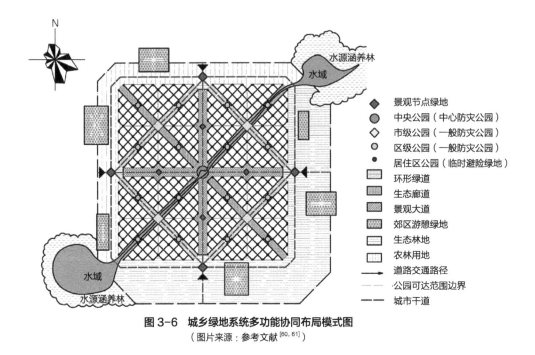

图 3-6 城乡绿地系统多功能协同布局模式图
（图片来源：参考文献[60, 61]）

宽环城绿带环绕，在城市主导风上风向布置大面积生态林地作为城市氧源地，在城市下风向布置永久农林用地。环城绿带的适宜地区开辟郊野游憩绿地，作为城乡绿地游憩系统的补充。

3.9 本章小结

本章主要对城乡绿地布局研究的相关概念、理论和实践作一个全面的梳理和综述。

由于"城市绿地"是一个具有行政色彩和范围的概念，因此，本章通过对中国相关专业规范的梳理与比较，最终明确本书所称"城乡绿地"为《城市绿地分类标准》CJJ/T 85—2017 中广义城市绿地的概念，包含了城市行政区域范围的公园绿地（G1）、防护绿地（G2）、广场用地（G3）、附属绿地（XG）、区域绿地（EG）。

通过对行政区域范围内的绿地进行统筹安排和控制，使城乡绿地的综合功能得到最大发挥，是城乡绿地布局的目的，也是城乡绿地系统规划的核心内容。因此，学者们从城乡绿地的功能出发，结合相关学科理论，形成了多种城乡绿地布局理论。

本书第 2 章站在纵向的历史轴线上，对城乡绿地布局的价值观进行了梳理，发现城乡绿地布局的游乐价值观、生态价值观、公平价值观、正义价值观随着人类认知水平和道德法治的进步呈递进式发展，自然科学与社会科学的发展与需求交互作用于人们对待城乡绿地的布局动机中，形成具有历史发展痕迹的布局形式。本书第 3 章站在横向的学科层面上，在多学科交叉视角下，研究了游憩学、生态学、地理学、形态学、气象学、防灾学、社会学导向下的城乡绿地布局理论与实践，发现城乡绿地是一个开放的多功能系统，有较为复杂的因素影响着城乡绿地布局。那么，生态正义何以能引导城乡绿地布局呢？这将是下一章重点回答的问题。

参考文献

[1]　刘纯青 . 市域绿地系统规划研究 [D]. 南京：南京林业大学，2008.

[2]　殷柏慧 . 城乡一体化视野下的市域绿地系统规划 [J]. 中国园林，2013，29（11）：76-79.

[3]　杨玲 . 基于空间管控视角的市域绿地系统规划研究 [D]. 北京：北京林业大学，2014.

[4]　商振东 . 市域绿地系统规划研究 [D]. 北京：北京林业大学，2006.

[5]　刘颂，洪菲 . 两种用地分类标准协调下对市域绿地分类的思考 [J]. 中国城市林业，2014，12（6）：1-4.

[6]　姜允芳，刘滨谊，刘颂等 . 国外市域绿地系统分类研究的述评 [J]. 城市规划学刊，2007（6）：109-114.

[7]　徐蕾 . 基于游憩学理论下的休闲度假村环境景观设计研究 [D]. 合肥：合肥工业大学，2014.

[8]　吴承照 . 景观游憩学 [M]. 北京：中国建筑工业出版社，2022.

[9]　俞晟 . 城市旅游与城市游憩学 [M]. 上海：华东师范大学出版社，2003.

[10]　张京祥 . 西方城市规划思想史纲 [M]. 南京：东南大学出版社，2005.

[11]　李迪华，范闻捷 . 北京城市离退休居民与城市公园绿地关系 [J]. 城市环境与城市生态，2001（3）：33-35.

[12]　谷康，曹静怡 . 基于游憩功能的城市绿地布局——以扬州市为例 [J]. 中国园林，2012，28（3）：112-115.

[13]　范锐平 . 加快建设美丽宜居公园城市 [N]. 人民日报 . 2018-10-11.

[14]　刘颂，刘滨谊，温泉平 . 城市绿地系统规划 [M]. 北京：中国建筑工业出版社，2011.

[15]　刘滨谊，王鹏 . 绿地生态网络规划的发展历程与中国研究前沿 [J]. 中国园林，2010，26（3）：1-5.

[16]　刘滨谊 . 城镇绿地空间结构与生态功能优化关键技术 [R/OL].（2012-03-20）[2023-09-8] https：//kns.cnki.net/kcms2/article/abstract?v=5v36OIo_zhCELwNBcOCarlcjhZMGqlsdESYhYnAGMpscGvptAKBvgQvsvZ7ithJqFQv1H5NqALKW5Ald8OupprI7bqO1jNmFojB1jfelG09dCbWi0Cpr84HtA0uV7pNsOP7jDE5qHWA6v4QKwa50nQ==&uniplatform=NZKPT&language=CHS.

[17] 吴伟，付喜娥 . 绿色基础设施概念及其研究进展综述 [J]. 国际城市规划，2009，24（5）：67-71.

[18] WICKHAM J D, Riitters K H A, et al. National Assessment of Green Infrastructure and Change for the Conterminous United States Using Morphological Image Processing[J]. Landscape and Urban Planning, 2010, 94（3-4）: 186-195.

[19] 付喜娥，吴人韦 . 绿色基础设施评价（GIA）方法介述——以美国马里兰州为例 [J]. 中国园林，2009，25（9）：41-45.

[20] 付喜娥 . 绿色基础设施规划及对我国的启示 [J]. 城市发展研究，2015，22（4）：52-58.

[21] 李敏 . 城市绿地系统与人居环境规划 [M]. 北京：中国建筑工业出版社，1999.

[22] 江苏省住房和城乡建设厅 .《苏锡常都市圈绿化系统规划》和《环湖绿廊总体规划》通过专家论证 [N/OL].（2016-12-6）[2021-05-3] http：//jsszfhcxjst.jiangsu.gov.cn/art/2016/12/6/art_8637_5216480.html.

[23] 傅伯杰，冷疏影，宋长青 . 新时期地理学的特征与任务 [J]. 地理科学，2015，35（8）：939-945.

[24] 傅伯杰 . 地理学：从知识、科学到决策 [J]. 地理学报，2017，72（11）：1923-1932.

[25] 邵大伟，吴殿鸣 . 基于景观指数的南京主城区绿色空间演变特征研究 [J]. 中国园林，2016，32（2）：103-107.

[26] 穆博，李华威，L. Mayer Audrey 等 . 基于遥感和图论的绿地空间演变和连通性研究——以郑州为例 [J]. 生态学报，2017，37（14）：4883-4895.

[27] 李卫锋，王仰麟，彭建等 . 深圳市景观格局演变及其驱动因素分析 [J]. 应用生态学报，2004（8）：1403-1410.

[28] 韩贵锋，郭建明，赵一凡等 . 重庆市主城区绿色空间的演变及驱动机制研究 [J]. 三峡生态环境监测，2017，2（2）：34-44.

[29] 洪冬晨 . 哈萨克斯坦土地利用景观格局演变及驱动因素分析 [D]. 杭州：浙江大学，2015.

[30] 孙才志，闫晓露 . 基于 GIS-Logistic 耦合模型的下辽河平原景观格局变化驱动机制分析 [J]. 生态学报，2014，34（24）：7280-7292.

[31] 恭映璧 . 长沙城市湿地景观格局时空演变与驱动机制研究 [D]. 长沙：中南林业科技大学，2013.

[32] 李方正 . 基于多源数据分析的北京市中心城绿色空间格局演变和优化研究 [D]. 北京：北京林业大学，2018.

[33] 王旭，马伯文，李丹等 . 基于 FLUS 模型的湖北省生态空间多情景模拟预测 [J]. 自然资源学报，2020，35（1）：230-242.

[34] 雷芸 . 持续发展城市绿地系统规划理法研究 [D]. 北京：北京林业大学，2009.

[35] 杨赉丽 . 城市园林绿地规划 [M]. 北京：中国林业出版社，2019.

[36] 徐雁南 . 城市绿地系统布局多元化与城市特色 [J]. 南京林业大学学报（人文社会科学版），2004（4）: 64-68.

[37] 王云才 . 图式语言: 景观地方性表达与空间逻辑的新范式 [M]. 北京: 中国建筑工业出版社，2018.

[38] 王绍增，李敏 . 城市开敞空间规划的生态机理研究（上）[J]. 中国园林，2001（4）: 5-9.

[39] 王绍增，李敏 . 城市开敞空间规划的生态机理研究（下）[J]. 中国园林，2001（5）: 33-37.

[40] 刘颂 . 城市防灾避险绿地布局适宜性评价 [J]. 园林，2012（5）: 20-24.

[41] 刘纯青，周奇，费文君 . 城市防灾避险绿地系统的构建 [J]. 中国农学通报，2010，26（24）: 204-208.

[42] 费文君，高祥飞 . 我国城市绿地防灾避险功能研究综述 [J]. 南京林业大学学报（自然科学版），2020，44（4）: 222-230.

[43] 费文君 . 城市避震减灾绿地体系规划理论研究 [D]. 南京: 南京林业大学，2010.

[44] 申雪璟，吴继荣 . 城市防灾避险绿地系统规划布局构建研究 [C]// 中国城市规划学会 . 城市时代，协同规划——2013 中国城市规划年会论文集（05- 工程防灾规划），2013: 14.

[45] ETAL ZISMAN. S. B. Where not to Build: A Guide for Open Space Planning[M]. Washington D.C.: Department of Interior, BLM, 1968.

[46] 麦克哈格 . 设计结合自然 [M]. 芮经纬，等译 . 北京: 中国建筑工业出版社，1992.

[47] SIMONDS. J. O. Earthscape: A Manual of Environmental Planning[M]. New York: MeGraw-Hill Book Co, 1978.

[48] JR CHAPIN. F. S, KAISER. E. J. Urban Land Use Planning[M]. Urbana Illinois: University of Illinois Press, 1979.

[49] 王绍增 . 我国城市规划必须走旷地优先的道路——从广州市生态系统建设的几个基本问题谈起 [J]. 中国园林，1999（3）: 55-57.

[50] 王晓俊，王建国 . 关于城市开放空间优先的思考 [J]. 中国园林，2007（3）: 53-56.

[51] 江海燕，周春山，高军波 . 西方城市公共服务空间分布的公平性研究进展 [J]. 城市规划，2011，35（7）: 72-77.

[52] 孙施文 . 城市规划不能承受之重—城市规划的价值观之辨 [J]. 城市规划学刊，2006（1）: 11-17.

[53] 江海燕，朱雪梅，吴玲玲等 . 城市公共设施公平评价: 物理可达性与时空可达性测度方法的比较 [J]. 国际城市规划，2014，29（5）: 70-75.

[54] JOBE R. T, WHITE P. S. A New Cost-distance Model for Human Accessibility and An Evaluation of Accessibility Bias in Permanent Vegetation Plots in Great Smoky Mountains Mational Park, USA[J]. Journal of Vegetation Science, 2009,

20（6）: 1099-1109.

[55] HAMSTEAD Z. A, FISHER D, ILIEVA R. Tet al. Geolocated Social Media as a Rapid Indicator of Park Visitation and Equitable Park Access[J]. Computers, Environment and Urban Systems, 2018, 72: 38-50.

[56] WRIGHT WENDEL H. E, ZARGER R. K, MIHELCIC J. R. Accessibility and Usability: Green Space Preferences, Perceptions, and Barriers in a Rapidly Urbanizing City in Latin America[J]. Landscape an Urban Planning, 2012, 107（3）: 272-282.

[57] 唐子来，顾姝 . 再议上海市中心城区公共绿地分布的社会绩效评价：从社会公平到社会正义 [J]. 城市规划学刊，2016（1）: 15-21.

[58] 唐子来，顾姝 . 上海市中心城区公共绿地分布的社会绩效评价：从地域公平到社会公平 [J]. 城市规划学刊，2015（2）: 48-56.

[59] 金云峰，刘颂，李瑞冬等 . 城市绿地系统规划编制—"子系统"规划方法研究 [J]. 中国园林，2013，29（12）: 56-59.

[60] 郭春华，李宏彬，肖冰等 . 城市绿地系统多功能协同布局模式研究 [J]. 中国园林，2013，29（6）: 101-105.

[61] 郭春华 . 基于绿地空间形态生成机制的城市绿地系统规划研究 [D]. 长沙：湖南农业大学，2013.

4

城乡绿地布局的影响因素探析

国土空间规划背景下，正确认识城乡绿地布局的影响因素是提升绿地空间规划科学性，实现绿地效益最大化的重要前提，也是探究生态正义对城乡绿地布局影响机制的基础。本章通过文献计量法，从理论层面总结城乡绿地布局的主要影响因素，以日照市主城区为实证分析案例地，利用地理探测器归因法从空间层面进一步验证和聚焦影响因素。

4.1 基于文献计量的城乡绿地布局归因理论分析

4.1.1 文献计量概况

分别在中国知网（CNKI）和 Web of Science 核心集合两个文献搜索引擎中收集有关城乡绿地布局的影响因素。采用的主要研究方法为内容分析法，以论文中最小影响因子为统计结果。

4.1.1.1 中国知网

在中国知网中限定检索主题词为"城市绿地布局"，文献类型主要包含"期刊""博硕士""会议"三种，时间为 1998~2021 年，共检索到 408 篇相关论文，数据收集时间为 2021 年 12 月。

408 篇主题为"城市绿地布局"的文献中，以硕士学位论文和期刊论文为主。从每年的发文量来看，对城乡绿地布局的研究热度在 1998~2007 年较低；2007~2019 年是城乡绿地布局研究的高峰期，年均发文 25.5 篇，且在 2010 年和 2016 年两次达到高峰，年均发文 32 篇；2018 年以后对城乡绿地布局的研究热度有所回落，这可能与城乡绿地精细化研究趋势有关（图 4-1）。

根据中国知网文献互引网络分析，对城乡绿地布局引证较多的文献多为 2000 年左右发表的经典著作，例如（美）麦克哈格（MCHARG L）著、芮经纬译的《设计结合自然》[1]，保继刚、楚义芳编著的《旅游地理学》[2]、贾建中主编的《城市绿地规划设计》[3]。

根据中国知网关键词共现网络分析，可以分为以"城市绿地系统""用地布局""景观风貌"为中心点的三组关键词聚落，其中"城市绿地系统"聚落占绝对优

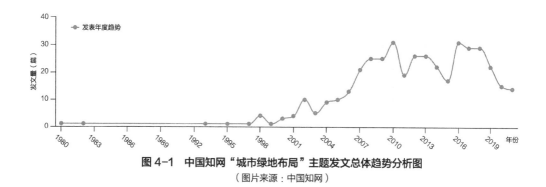

图 4-1 中国知网"城市绿地布局"主题发文总体趋势分析图
（图片来源：中国知网）

势。与"城市绿地系统"紧密联系的关键词除了"城市绿地""公园绿地""绿地布局""绿地结构""绿地面积""园林城市"等传统的研究热点外，还有"城乡一体化""防灾避险""景观特色""绿带""游憩空间""评价指标""适宜性评价""风环境""影响因素"等多元的研究方向。

408 篇文献中涉及城乡绿地布局影响因素内容的有 28 篇（表 4-1），集中于 2004~2016 年，与前文提到的城乡绿地布局研究的黄金期基本吻合。观察表 4-1 中黑点的分布发现，2011 年之前，研究者认为城市的地形、水文条件、气候条件等自然条件与城市空间布局、历史文化等人文条件是影响城乡绿地布局的主要因素；2011 年之后，研究者更加关注城市的经济发展、人口密度、公共政策等社会因素对城乡绿地布局的影响。特别值得一提的是，王亚军提到了人的价值观念要素对绿地布局科学性的影响 [4]。

4.1.1.2 Web of Science 核心集合

国外城乡绿地的概念比较广泛，不再局限于建成区的开放空间，而是从城市的生态环境改善出发进行城乡绿地要素的组织与发展，把建设性的绿地空间、水体、自然空间、荒废土地空间等多种元素纳入城乡绿地发展空间体系。因此在 Web of Science 中以中观尺度的城市绿色空间（Urban Green Spaces）、开放空间（Open Space）和较为宏观尺度的绿色基础设施（Green Infrastructure）等关键词进行检索（图 4-2），时间跨度为 2007~2021 年，收集时间为 2021 年 12 月，共检索到 1284 篇相关文献，其中涉及城乡绿地布局影响因素的有 20 篇，集中于 2012~2018 年。

观察表 4-1 中的黑点分布发现，西方研究者认为人口密度、经济发展、公共政策和气候条件是影响绿地布局的主要因素。其中，德国学者卡巴什（KABISCH N）首次提到城市规模对城乡绿地布局的影响 [5]。

通过文献调研和专家咨询等方法，以代表性、可获取性和独立性为原则，将本次研究 48 篇（表 4-1）文献中出现频率在 15 次以上的影响因素遴选出来进行详细分析

基于文献调研的城乡绿地布局影响因素汇总表　　　　表4-1

序号	发表时间	第一作者姓名	自然资源	地形地貌	原始植被	气候条件	水文条件	土壤条件	地质灾害	生态敏感地	热岛效应	空气污染	人文资源	历史文化	城市性质	城市空间布局	城市发展方向	土地利用	绿地功能需求	城市道路	防灾避险场所	人口密度	居民休闲行为	公共政策	公众参与	经济发展	产业结构	人的价值观念	城市规模
1	2004	徐雁南[6]		●	●	●	●									●													
2	2005	徐英[7]		●		●	●							●		●		●				●							
3	2005	马建梅[8]	●			●	●	●	●					●								●							
4	2007	张浪[9]	●	●													●							●						
5	2007	王亚军[4]		●			●						●	●	●			●									●	
6	2007	胡艳[10]		●		●	●		●				●	●	●		●	●			●		●	●				
7	2007	梁静静[11]		●		●	●		●				●	●	●		●	●			●							
8	2008	刘纯青[12]	●								●			●	●	●	●							●					
9	2008	刘翰[13]		●			●		●							●	●	●										
10	2008	周铃[14]	●			●									●					●									
11	2008	张小娟[15]		●	●									●	●	●						●	●	●		●			
12	2008	倪丽丽[16]															●			●					●		●	●		
13	2009	雷芸[17]																		●					●		●			
14	2009	陈照[18]									●										●	●		●					
15	2009	吴小琼[19]		●	●		●	●					●	●		●												
16	2010	庞俊凤[20]		●		●	●	●								●	●	●			●					●			
17	2011	张尚路[21]		●	●		●									●		●											
18	2011	李妤锴[22]																	●						●			●		

影响因素

续表

影响因素

序号	发表时间	第一作者姓名	自然资源	地形地貌	原始植被	气候条件	水文条件	土壤条件	地质灾害	生态敏感地	热岛效应	空气污染	人文资源	历史文化	城市性质	城市空间布局	城市发展方向	土地利用	绿地功能需求	城市道路	防灾避险场所	人口密度	居民休闲行为	公共政策	公众参与	经济发展	产业结构	人的价值观念	城市规模
19	2011	周媛[23]		●	●		●				●	●						●		●		●							
20	2011	杨盼盼[24]																				●		●		●			
21	2012	王洪蕾[25]	●																	●		●		●	●	●			
22	2013	郭春华[26]	●							●			●	●	●	●			●			●		●	●	●	●		
23	2013	杨杰[27]											●									●		●		●			
24	2015	贾媛媛[28]																		●		●		●		●			
25	2016	马晓婉[29]		●		●	●	●	●					●		●		●				●				●			
26	2020	苗延[30]					●															●							
27	2020	雍玉婷[31]	●											●															
28	2020	孙博杰[32]		●			●							●				●				●							
29	2007	UY P D[33]				●														●				●		●			
30	2011	SAMAT N[34]																		●		●		●		●			
31	2012	JUNMEI T[35]																								●			
32	2012	TALUKDER B[36]																						●					
33	2012	KABISCH N[5]														●						●							●
34	2013	LOVELL S T[37]				●		●											●							●			
35	2014	NIEMELA J[38]				●																●						●	

续表

序号	发表时间	第一作者姓名	自然资源	地形地貌	原始植被	气候条件	水文条件	土壤条件	地质灾害	生态敏感地	热岛效应	空气污染	人文资源	历史文化	城市性质	城市空间布局	城市发展方向	土地利用	绿地功能需求	城市道路	防灾避险场所	人口密度	居民休闲行为	公共政策	公众参与	经济发展	产业结构	人的价值观念	城市规模
36	2015	KABISCH N[39]																				●				●		●	
37	2015	MCWILLIAM W[40]				●																		●					
38	2015	ACHMAD A[41]					●							●							●		●						
39	2016	LIANG P[42]		●		●	●																						
40	2017	ADAM G[43]		●		●		●										●											
41	2017	FINAEVA O[44]												●											●				
42	2017	RICHARDS D R[45]																				●				●			●
43	2018	ZHANG Z M[46]		●		●								●								●							
44	2018	DANIELS B[47]	●			●																				●			
45	2018	HUANG C H[48]		●										●						●									●
46	2019	XIU N[49]		●			●											●				●						●	
47	2019	POKHREL S[50]																				●		●		●			
48	2021	NING F[51]																											
因素提及次数总计			7	21	5	21	19	7	6	1	2	1	4	20	8	16	2	15	4	7	1	25	3	17	2	23	3	4	3

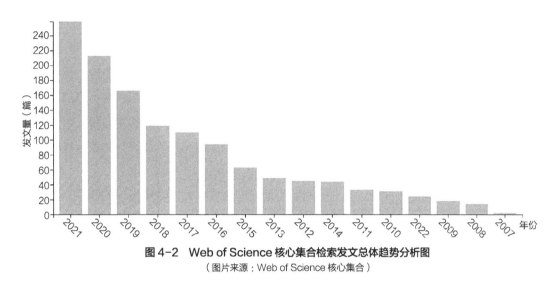

图4-2　Web of Science核心集合检索发文总体趋势分析图

（图片来源：Web of Science核心集合）

（图4-3），分别为地形地貌、水文条件、气候条件等3项自然影响因素和人口密度、经济发展、历史文化、城市空间布局、公共政策等5项人文影响因素。

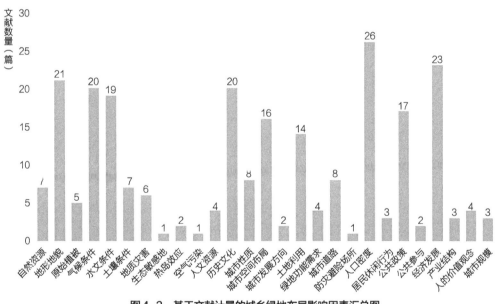

图4-3　基于文献计量的城乡绿地布局影响因素汇总图

4.1.2　城乡绿地布局的自然影响因素

4.1.2.1　地形地貌

地形地貌是每一座城市依存的基础，并因此形成城市的自然景观特色。城乡绿地的形成与布局，应在尊重城市地形地貌特色的基础上加以展开，做到顺其自然，因地制宜。

历史上最具有代表性的例子是 1946 年吉伯德（F. Gibberd）规划的英国哈罗（Harlow）新城 [52]。新城坐落于一个有特色的乡间用地上，北有河谷，南有丘陵山地。规划充分考虑了原有地形地貌的特点，保留和利用了原有的地形和植被条件，将城市外围的河谷和丘陵规划为环城绿带，利用一道东西走向的冲沟和从东、南、西三个方向伸入城市的楔状农地和低地把全城分成四块高地，在块与块之间的冲沟和低地上是城市的主要道路和宽阔绿带 [53]。哈罗新城楔形指状的绿地布局，在充分尊重原有地形地貌的基础上创造出城市的独特景观 [7]。

现代的城乡绿地布局曾经在一定时期出现过削山填水大搞城市建设的情况，但自然灾害、环境污染、热岛效应等大自然的反击使人们认识到自己的错误，"尊重自然、顺应自然、保护自然"逐渐成为当代城乡绿地布局的主导思想。例如：济南市南依泰山，北邻黄河，地势南高北低。2007 年一场特大暴雨使济南认识到了城市中泄洪沟的重要作用，在《济南市城市绿地系统规划（2010—2020）》中，有意保留了北大沙河、玉符河、大辛河、巨野河等多条纵贯城市南北的山体泄洪道，顺应了自然地貌的排水规律，使人与自然和谐相处。泰山余脉与城市南缘参差交错，零星、孤立的小山体散布城内，济南利用这种特殊地形地貌资源，在伸入城内的泰山余脉——千佛山上修建观景牌坊，北望城中孤立的华山、鹊山、凤凰山等山体，形成具有城市特色的著名景观"齐烟九点"（图 4-4）。

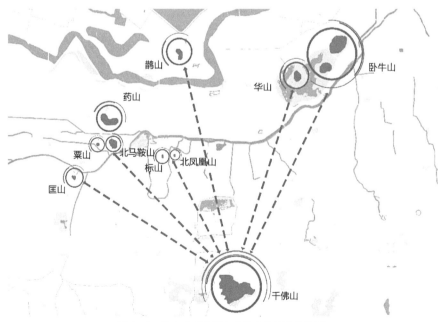

图 4-4 济南市"齐烟九点"山体景观结构图

综上所述，地形地貌是城市发展所依附的骨架，是城乡绿地布局的重要影响因素，应以尊重地形、顺应地貌的生态正义思想为指导进行城乡绿地布局，以较少的投入获得最大的效益，塑造城市独特的景观风貌。

4.1.2.2 水文条件

城市水文是指城市中水的时空分布与其动态变化。自古以来人们就喜欢临水而居，水文条件对城市的空间格局和绿地布局有着举足轻重的影响。波士顿"翡翠项链"规划与实践第一次明确阐释了城市水文对城乡绿地布局的影响作用。1876 年，波士顿公园委员会制定了波士顿公园系统总体规划（图 4-5）。规划将公园建设与水系保护相联系，以城市中的自然河流为空间基础，将河边湿地、开敞空间、公园路、植物园、沼泽地等各种功能绿地串联起来，形成公园系统，为市民提供了丰富的休闲游憩空间。19 世纪 60 年代，菲利普·刘易斯（LEWIS P H）认识到水系在生物等资源保护上的特殊生态意义，将水系作为城市和区域绿色廊道的基本框架，并提出了"环境走廊（Environmental Corridors）"的概念。

图 4-5　波士顿公园系统总体规划
（图片来源：参考文献[54]）

中国杭州的城市发展与其水文关系密不可分。杭州因运河闻名，因西湖著称。历史上杭州城沿运河发展繁荣，后逐渐向西湖扩张，形成钱塘江西岸的杭州"西湖时代"。21 世纪初杭州市城市扩张跨越了钱塘江，形成新城市中心，目标打造沿江发展的"钱江时代"。杭州市内著名的江、河、湖和密布的水网成为城市发展和绿地布局的重要依托。2008 年杭州市河道整治工程指挥部委托北京大学景观设计学研究院生态水系与绿地系统规划设计所编制完成的《杭州市水系景观规划研究》[55] 将杭州和谐的人水关系的构建作为核心目标，在对杭州近 200 条河道深入调查、系统研究的基础上，创造性地提出"回归河畔"的理念，以求使市民的生活与休闲、生物的栖息与繁衍、植被的生长与演替、文化的传承与延续得以重新回到河边。该规划以生态服务为理论指导，从宏观、中观、微观三个层面对杭州水系统进行系统地梳理与明确的定位，并最终在具体河道得以落实，提出相应的设计导则。

4.1.2.3　气候条件

气候是指一个地区大气物理特征的长期平均状态，具有一定的稳定性。主要的气候要素包括气温、降水、光照、风力等。城乡绿地的植物生长状况在很大程度上依赖于城市所在气候区的气候特征。同时城乡绿地的宏观布局可以在一定程度上起到防风、引风、蓄水、排水、降温、增湿、缓解城市热岛效应等改善城市小气候的作用。因此，城市气候条件成为影响城乡绿地布局的因素之一。

福州是我国东南沿海城市，属于典型的亚热带季风气候。每年夏季 7、8 月份是热带风暴和台风活动最集中的时期。《福州新区总体规划（2015—2030）》因此加强了沿海防护林体系的规划，对滨海湿地和滩涂红树林实施抢救性保护，加大海岸基干林带的宽度，完善城乡防护林网，增强内陆荒山绿化，最终形成"双带、双网"的立体生态防护体系，以提升城市抵御台风和风暴潮等灾害的能力。

合肥的城乡绿地布局则是城市引风林规划的典范。合肥地处亚热带季风性湿润气候，周边多丘陵岗地，夏季闷热。巢湖位于合肥夏季上风向处，成为合肥的天然空调。规划利用城市东南方向现有丘陵山地，形成西北—东南向的谷地，结合"高处种高树，低处种低树"的植物种植原则，加强引风通道的效果，使巢湖凉爽湿润的空气通过引风林输入城市，改善了合肥的城市小气候。

4.1.3　城乡绿地布局的人文影响因素

4.1.3.1　人口密度

城市是人类的聚居单元，城乡绿地的规划与建设更多的是为人来服务的。因此，人口密度是影响城乡绿地布局的又一个重要因素。人口密度主要从数量和需求两个角度影响城乡绿地布局。

数量上，要求城市的每个区域均应满足一定的人均公园绿地面积的要求，保证有足够的绿地供市民使用。因此，人口数量越大的区域，公园绿地规模越大。然而，学者研究发现人口对城市绿色空间最大斑块面积具有明显的抑制作用，对绿色空间景观形状指数具有明显的促进作用，说明人口干扰是造成城乡绿地逐渐分散和复杂化的重要原因[56]。由于人类对绿地的弹性需求让步于对居住、交通、工作的刚性需求，使人类需求所带来的绿地建设促进作用弱于人口聚集对绿地空间的破碎化影响。对人口高密度城区来说，可用于绿化建设的用地又十分有限，人均公园绿地面积与人口密度呈负相关关系。有学者研究发现，人均公园绿地面积指标不能确切反映市民游憩的质量情况，从三维空间角度提出了绿视率、城区绿斑密度、微绿空间构建等度量指标，形成高密度城市的纤维网状绿地布局模式[57]。随着人口密度的增大，绿地斑块应以小面积、高密度的方式进行布局[58]。

需求上，要求考虑一般人口乃至不同年龄结构、社会地位、经济状况等方面不同的人群对绿地的不同需求，优化城乡绿地布局，按需提供绿地服务。通常用公园绿地服务半径法来评价城乡绿地的一般人口供需匹配情况，据此发现公园服务盲区，通过选取合适数量与位置的闲置用地、低效用地进行公园绿地的布局优化[59]。对老年人、儿童、低收入人口的特殊需求，应在城乡绿地布局时加以数量和规模的倾斜，增加无障碍公园、儿童公园等专类公园的布置。

4.1.3.2　经济发展

国内外学者研究发现，城市的绿地规模与城市经济发展水平存在着显著的相关性。张浪对比了上海城市经济发展阶段与绿地建设投入的数据，发现上海经济增长缓慢时期，城乡绿地面积增速也较慢；上海经济突飞猛进时期，其绿地总量也在急速增加；同时，年际城市人均绿地面积变化与城市经济发展变化也存在正相关关系[9]。李方正用最小偏二乘回归方法研究经济对北京市绿地空间布局演变的总体影响，发现国民经济的增长和产业结构的调整是北京市中心城区绿地格局演变的直接驱动力[56]。郭春华研究发现，产业结构的变化影响着城市的空间，例如第二产业主导的城市空间是单调的，而第三产业主导的城市空间是丰富的[26]。城乡绿地作为城市空间的配套基础设施，会因为产业结构的调整和社会经济的发展而增加绿地面积和提升建设品质，也会随城市功能空间的差异化分布而变化城乡绿地的数量、密度和布局。

4.1.3.3　历史文化

城市的历史轨迹及文化遗存是布局城乡绿地或城市开放空间的重要位置，例如中国的传统园林、欧洲古希腊具有民主精神的市民广场、美国纽约的中央公园等，以纪念历史遗存，彰显城市特色。

美国东北部的新英格兰地区留有工业革命时期特有的人文景观，同时又有着绿道规划的文化传统。因此，新英格兰绿道网络规划融合了地区的历史与文化资源，分为游径系统规划、自然保护规划、游憩开发规划和历史文化资源使用规划等多个部分，使绿道具有了游憩、生态和文化等多种功能。美国现在每年正在规划和建造的绿道有成百上千条。在美国国家公园系统中与绿道相关的线性遗产就有遗产廊道（Heritage Corridors）4条、国家历史道（National Historic Trail）14条、国家风景道（National Scenic Trail）5条、公园道（Parkway）6条、河流区（River Area）14项、海岸线／湖岸线（Seashore/Lakeshore）14 条等，占国家公园系统遗产总数的 14%[60]。

中国六朝古都南京历史积淀厚重，拥有世界上保存最长、最完整的明城墙。《南京历史文化名城保护规划（2010—2020 年）》根据保护需要划定了城墙保护范围、控制范围和风貌协调范围，规划了南京古城的绿色项链，同时也成为《南京市绿地系统规划（2013—2020）》两环格局的内环。

城市的历史积淀和文化传统是城乡绿地布局的宝贵资源，但也会因为历史文化资源的位置、规模不同，对城乡绿地布局造成不同程度的影响。呈点状、规模小的历史遗存很难影响到城乡绿地布局，但可以借非物质文化遗产的传承方式，给城乡绿地注入文化内涵，用不同的历史文化组织城乡绿地布局。

4.1.3.4　城市空间布局

城市空间布局是城市用地在空间上呈现的几何形状，是城市物质实体在空间上的投影[61]，也是城市出现以来各种政治、经济、社会和文化活动作用下的物质环境演变的外部表现[62]，是城乡绿地布局必然依托的基本要素。

道路是构成城市空间布局的骨架，它控制着城市的边界，也指引着城市空间未来发展方向。但道路上川流不息的交通也会带来城市的环境污染，因此会在交通性道路两侧规划防护绿地，以吸收汽车尾气、滞尘降噪。同时，道路也是人们观察城市景观意向的重要途径，因此道路的附属绿地也成为人们精心打造的绿地类型，其目的是改善城市风貌，彰显城市特色。城市道路防护绿地和附属绿地的规划建设使城市空间布局与城乡绿地布局具有一定的重合性。

丹麦首都哥本哈根修建了多条由市中心通往郊区的铁路交通线路，引导城市向外进行轴向拓展，形成手掌形城市布局。"掌"形城市的"手指"间保留有大片绿色空间，从而形成楔入城市的指状绿地布局形态。城市空间与绿地布局相互穿插，成为嵌套的图底关系。

在北京市中心城区的空间规划中，环路加放射路的现代城市路网取代了旧城的棋盘式路网，同样与郊区绿地形成互补嵌套的图底关系，疏透了城市空间布局，也形成了"环楔网"的城乡绿地布局[63]。

4.1.3.5　公共政策

公共政策是各级政府经由政治过程，对自然、经济、社会资源的战略性分配，从而规范和指导相关机构、团体或个人的活动及相互关系的方案。公共政策以法律法规、行政命令、政府规划等形式对社会利益进行权威性分配，在社会公共事务管理中具有规范社会行为、解决社会问题、达成公共目标、实现公共利益、促进社会发展的作用。

城乡绿地作为服务全民的公共资源，其规划布局必然受到公共政策的影响。影响城乡绿地布局的宏观政策主要有城乡规划法、城市绿化条例、区域发展政策、土地利用政策、自然保护政策、环境保护政策等，中微观政策包括国土空间规划、城市绿地系统规划、公园体系规划等。一系列公共政策的制定与实施保证城乡绿地资源的科学合理布局、公平正义分配。李方正梳理了北京市中心城近 20 年绿地建设相关规划政策后，研究了奥林匹克公园、西北郊三山五园绿道、平原地区百万亩造林工程等政策导向的绿地建设项目，发现政策规划绿地对城乡绿地布局的演变起到极其明显的推动作用[56]。

中国在城市绿化方面的公共政策[12, 64, 65]自改革开放后有明显的发展时段：

（1）20 世纪 90 年代初——有法可依阶段

1990 年《中华人民共和国城市规划法》将城市绿地系统规划确定为法定规划，成为纳入城市总体规划的专项规划。

1992 年国务院颁布《城市绿化条例》，设立了全国绿化委员会，统一组织领导全国城乡绿化工作，并明确了城市各类绿地的规划建设要求、保护管理责任主体和破坏城市绿化行为的罚。

1992 年起，原建设部展开了园林城市建设与评选工作，在全国范围掀起了城市绿化建设的热潮。

（2）世纪之交——有章可循阶段

2002 年，原建设部颁布实施《城市绿地分类标准》CJJ/T 85—2002，明确了城市绿地分类和绿地计算原则，为城市绿地系统规划的分类规划和数据统计统一了口径。

2002 年，原建设部印发了《城市绿地系统规划编制纲要（试行）》，明确了城市绿地系统规划在城市规划体系中的法律地位，规定了城市绿地系统规划的主要任务、编制内容和成果组成，增强了城市绿地系统规划的规范性和科学性。

2004 年，原建设部发出创建"国家生态园林城市"的号召，在巩固"国家园林城市"建设成果的基础上，提出了"生态园林城市"创建的指导原则、评价办法和标准，并确立了青岛市、南京市、杭州市、威海市、扬州市、苏州市、绍兴市、桂林市、常熟市、昆山市、张家港市等 11 个城市为国家生态园林城市试点城市[66]。

（3）"十二五"期间——科学评价阶段

2010 年，中华人民共和国住房和城乡建设部发布了《城市园林绿化评价标准》GB/T 50563—2010。该标准涵盖了城市园林绿化的管理、规划、建设等多个层面，对中国城市园林绿化的不同发展水平进行分级评价，并与国家园林城市、生态园林城市的评价标准进行了对接。《城市园林绿化评价标准》实现了中国城市园林绿化评价的标准化、科学化，促进城市园林绿化建设向质量型、节约型、生态型发展，对中国城市园林绿化乃至更广阔的城市环境建设来说都具有深远的影响，是中国城市园林绿化公共政策发展的一个"里程碑"[67]。

（4）"十三五"以后——修订更新阶段

2016 年，住房和城乡建设部修订并整合《国家园林城市申报与评审办法》等多个部门规章，发布了《国家园林城市系列标准》[68]，实施了 24 年的园林城市建设活动完成了系列化、品牌化、规范化的转型，成为全国城市园林绿化建设的风向标。

2017 年，住房和城乡建设部修订了《城市绿地分类标准》CJJ/T 85-2017，以城市绿地的主要功能为分类依据，突出城乡统筹思想，落实以人为本原则，留出弹性控制空间，对接城乡用地分类，适应了新时代中国生态文明建设对风景园林行业的发展要求[69]。

2019 年，住房和城乡建设部发布了《城市绿地规划标准》GB/T 51346-2019，同时废止了试行 17 年的《城市绿地系统规划编制纲要（试行）》，使城市绿地系统规划的编制依据上升到国家标准层面。《城市绿地规划标准》强调生态文明战略和绿色发展理念，充分发挥城市绿地的综合效益，建立起城市绿地规划的完整体系[70]。

4.2 基于 GeoDetector 的城乡绿地布局归因实证分析

4.2.1 地理探测器（GeoDetector）基本原理

地理探测器（GeoDetector）是探测空间分异性，并揭示其背后驱动力的一组统计学方法，由中国科学院地理科学与资源研究所资源与环境信息系统国家重点实验室王劲峰团队研发。GeoDetector 归因的基本逻辑是：与因变量的空间分布相似性最高的自变量，对因变量的影响就最大[71]。由于两个变量达到一致性空间分布比两个变量达到数据曲线的一致要难得多，因此 GeoDetector 比一般统计量更能强烈提示因果关系。

GeoDetector 具有以下两方面优势：一是 GeoDetector 既可以探测数值型数据，也可以探测定性数据。例如，REN et al. 在利用 GeoDetector 进行人类活动和生态因素对城市森林地表温度的影响研究时，其探测的影响因素既有林地温度、人口密度等数值型数据，也有树木种类、森林管理规划等定性数据[72]。第二个优势是探测两因子交互作用于因变量，判断两因子是否存在交互作用，以及交互作用的特征等。例如，REN et al. 的研究结果显示，高程和树种是城市地表温度变化的最主要因子；特定的生态因子与人类活动对地表温度变化有交互作用，且呈线性或非线性增加特征；高程和主导树种对地表温度变化也存在交互作用，且在高温和低温区交互显著[72]。利用 GeoDetector 的两大优势，可以将各种形式的数据离散化、标准化，探究单个因子和多个因子对城乡绿地布局的影响程度。

GeoDetector 包括 4 个探测器，本次研究主要应用了以下两个。

（1）单因子探测

单因子探测是指探测某自变量因子 X 多大程度上解释了因变量 Y 的空间分异（图 4-6），用 q 值度量，其计算公式为：

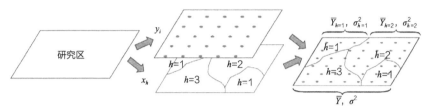

图 4-6　地理探测器原理
（图片来源：参考文献[71]）

$$q=1-\frac{\sum_{h=1}^{L} N_h \sigma_h^2}{N\sigma^2}=1-\frac{SSW}{SST}$$

$$SSW=\sum_{h=1}^{L} N_h \sigma_h^2,\ SST=N\sigma^2$$

式中：$h=1$，…，L 为因变量 Y 或自变量因子 X 的分类或分区；N_h 和 N 分别为层 h 和全区的单元数；σ_h^2 和 σ^2 分别是层 h 和全区的 Y 值的方差。SSW 为层内方差之和，SST 为全区总方差。

q 的值域为 [0，1]，q 值越大说明自变量 X 对因变量 Y 的解释力越强、影响越大，反之则越弱越小，即 q 值表示自变量 X 解释了 $100\times q\%$ 的因变量 Y。存在两个极端情况：当 q 值为 1 时，说明自变量 X 完全影响并控制了因变量 Y 的空间分布；当 q 值为 0 时，说明自变量 X 与因变量 Y 没有任何关系。

（2）交互作用探测

交互作用探测是评估自变量因子 $X1$ 和 $X2$ 共同用作时对因变量 Y 的解释力情况，即识别不同自变量因子 XS 之间的交互作用。识别过程为：首先分别计算两种自变量因子 $X1$ 和 $X2$ 对因变量 Y 的 q 值：$q(X1)$ 和 $q(X2)$；然后计算 $X1$ 和 $X2$ 交互时的 q 值：$q(X1\cap X2)$ 即叠加自变量 $X1$ 和 $X2$ 两个图层相切所形成的新的多边形分布（图 4-7）；最后，比较 $q(X1)$、$q(X2)$ 与 $q(X1\cap X2)$，三者之间的交互作用结果可分为图 4-8 所示的五种情况。

地理探测器软件可以从其官方网址免费下载[28]（http://geodetector.cn/），其使用步骤如下。

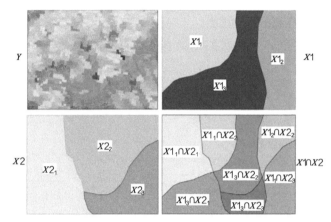

注：分别计算出 $q(X1)$ 和 $q(X1)$；将 $X1$ 和 $X2$ 两个图层叠加得到新图层 $X1∩X2$，计算 $q(X1∩X2)$；按照图 3 判断两因子交互的类型。

图 4-7　交互作用探测
（图片来源：参考文献[71]）

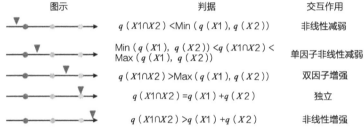

图 4-8　两个自变量对因变量交互作用的结果
（图片来源：参考文献[28]）

（1）数据的收集

根据研究的内容收集因变量 Y 与自变量 X 数据。本次研究的因变量 Y 为日照市主城区的绿地空间分布数据，通过归一化植被指数（NDVI）在遥感影像中提取而得。本次研究的自变量 X 包含了城市的地形地貌、水文条件、城市格局、人口密度、经济发展、政策法规等 7 种因素。

（2）数据的整理

由于地理探测器分析的是类型量，因此，如果收集的 Y 与 X 数据为数值量时，则需要进行数据的离散化处理。离散可以基于专家知识或使用 K-means、自然间断点分段法等分类算法，也可以直接等分。

（3）读入软件

将类型量数值（Y，X）读入地理探测器软件，运行软件得出结果。根据 q 值结果分析自变量 X 对因变量 Y 的解释力、不同 X 对 Y 的影响是否有显著差异、X 对 Y 影响的交互作用等。

4.2.2　研究区概况

日照市是山东省地级市，地处山东半岛南翼，东临黄海，西依沂蒙山区，北连青岛市，南与江苏省连云港市接壤，市域总面积 5359km²。日照是我国滨海生态、宜居、旅游城市，现代化港口城市和临港产业基地。

日照市 1985 年撤县建市，1989 年升为地级市，1992 年设区带县，其城市发展与绿化建设是中国快速城镇化过程的典型代表。因此，选取经历城市发展阶段完整，且人地矛盾、空间博弈最为突出的日照市主城区为研究区。

日照市现行政辖区包括东港区、岚山区、莒县、五莲县 4 个县区。本次研究区域日照市主城区位于东港区，是日照市的政府驻地区。参考《日照市城市总体规划（2018—2035 年）》，确定日照市主城区地理坐标范围为 35°04′～35°36′N，119°04′～119°39′E，开发边界西起 204 国道绕城线、傅疃河、沈海高速，东至黄海、石臼港区，南起瓦日铁路，北至山海路，总面积约 246km²（图 4-9）。

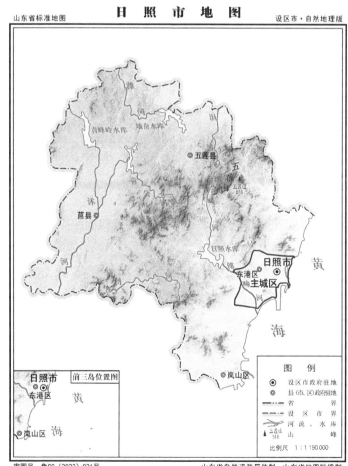

图 4-9　日照市主城区范围图
（地图来源：山东省自然资源厅标准地图，审图号：鲁 SG（2023）026 号）

4.2.3 数据获取

本次研究用于提取城乡绿地植被的遥感影像采用北京 2 号卫星 2017 年 7 月拍摄的日照市主城区全色多光谱数据，包含红光、蓝光、绿光和近红光四个波段，多光谱数据分辨率为 2m，全色数据分辨率为 0.8m。用于城市用地分类的数据采用 Bigemap GIS Office 下载器下载谷歌卫星影像 2010 年 5 月 25 日历史数据和 2020 年 4 月 21 日历史数据。用于地理探测器的绿地布局影响因素数据来源见表 4-2。

日照市主城区城乡绿地布局影响因素数据来源 　　　　　　　　　　表 4-2

	影响因素名称	数据来源
自然影响因素	地形地貌（坡度）	Bigemap GIS Office 下载器 17 级数据
	气候条件	中国气象数据网－WeatherBk Data
	水文条件	Bigemap GIS Office 下载器 17 级数据
人文影响因素	人口密度	Woldpop 网站 https://www.worldpop.org/project/categories?id=3
	经济发展（GDP 空间分布）	中国科学院资源环境科学与数据中心 https://www.resdc.cn/data.aspx?DATAID=252
	历史文化	《日照市城市总体规划（2018—2035 年）》
	城市空间布局	《日照市城市总体规划（2018—2035 年）》
	公共政策	根据文献资料整理

4.2.4 日照市主城区统计数据的空间化

4.2.4.1 地形地貌

日照地处海滨，境内有平原、山丘、水域、湿地、海洋等多种自然景观。日照市整体地势西北高东南低，大部分地区海拔标高在 10~50m 之间。丘陵地貌明显，森林覆盖率高，生态环境较好。东部海岸有 7.6km² 的泻湖及沙坝等海滨地貌。

日照市主城区位于日照东部沿海低山丘陵区域，仅在城区南部有一座海拔 250m 的山丘，名为奎山。城区顺应市域的高程态势，西北高东南低。《城乡建设用地竖向规划规范》CJJ 83—2016 规定了城乡建设用地选择及用地布局时应充分考虑自然坡度，为减少建设成本，建设用地的选址坡度宜小于 25%（表 4-3）。自然坡度大于 25% 的用地宜保留原自然空间或开发为城市公园。从日照市主城区的坡度（彩图 1）与绿地分布来看，符合该规范要求。坡度较大的奎山被开发为郊野公园，城区北部坡度较大区域现仍为空闲地。因此，本次研究选用坡度代表地形地貌因素参与城乡绿地布局影响因素的地理探测。

城乡主要建设用地适宜规划坡度表（％）　　　　表4-3

用地名称	最小坡度	最大坡度
工业用地	0.2	10
仓储用地	0.2	10
铁路用地	0	2
港口用地	0.2	5
城镇道路用地	0.2	8
居住用地	0.2	25
公共设施用地	0.2	20
其他	—	—

数据来源：《城乡建设用地竖向规划规范》（CJJ 83—2016）

4.2.4.2　气候条件

日照市属暖温带半湿润季风气候，四季分明，光照充足，降水丰沛，雨热同季，气候温和，年均气温 12.6℃，年均降水量 870.3mm，是北方富水区（图4-10）。日照海区属于正规半日潮，地面最大冻土深度为 0.32m。

20 世纪 50 年代，日照市响应国家沿海基干防护林带建设要求，在市内沿海区域形成了以黑松、刺槐为主要树种的沿海防护林。60 多年来，防护林在调节气候、防风固沙、保持水土、改良土壤、美化环境、阻挡海风、海雾等方面发挥着重要的作用。现已成为日照市重要绿色生态屏障，是珍贵的生态资源和旅游资源，对促进美丽富饶、生态宜居、充满活力的新日照建设具有重要意义。

在城区尺度下，气候条件显现出稳定的特点，温度、湿度、降水、光照等气候数值变化较小，气候条件对城乡绿地布局的影响极不明显，故在本次地理探测器空间归因分析时，舍弃气候影响因子。

4.2.4.3　水文条件

日照市河流分属东南沿海水系、潍河水系和沭河水系，境内较大河流有傅疃河、沭河、潍河、潮白河、绣针河、巨峰河等，共 8 条。其中，流经主城区的傅疃河是日照市最大独流入海河道，境内干流长 60.72km。日照无天然湖泊，共有大中小型水库 515 座，总库容 12.5 亿立方米，主城区上游的日照水库是 4 座大型水库之一。日照海岸全长 168.5km，属于比较平直的基岩沙砾质海岸。海岸线上有石臼湾、佛手湾两大天然港湾与日照港、岚山港两大工业港。

日照市主城区范围内主要有傅疃河、沙墩河、香店河、崮河、郭家湖子河等河流水系，奥林匹克水上公园所在的天然泻湖，以及大量小型水库和采石积水湖。（图4-11）

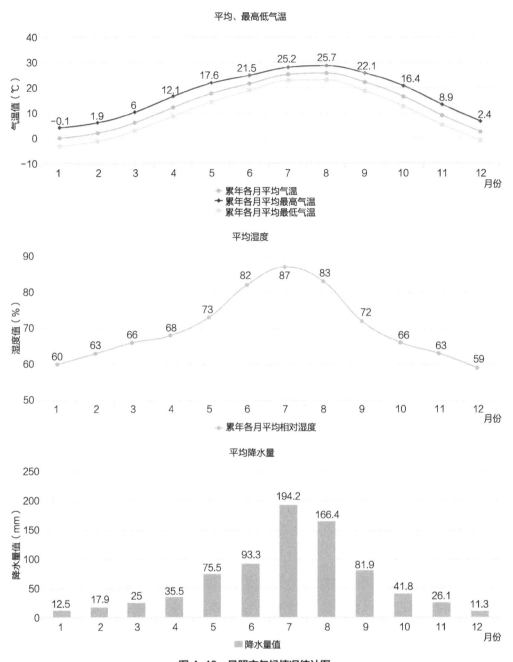

图 4-10 日照市气候情况统计图
（数据来源：中国气象数据网 – WeatherBk Data）

4.2.4.4 人口密度

日照市主城区辖日照街道、石臼街道、奎山街道、秦楼街道、北京路街道 5 个街道，总人口约 59.6 万人。其中，奎山街道、北京路街道由日照经济技术开发区代管。

图例
□ 主城区边界
▨ 主城区水域

0 0.75 1.5   3   4.5   6
km

图 4-11　日照市主城区水体分布图

日照经济技术开发区为国家级开发区，辖北京路和奎山 2 个街道、84 个村（居）、5 个社区，陆域面积 115.6km²，常住人口 13.5 万[73]。

　　人口密度是以统一的空间单元为基本统计单位，把以行政区为基本统计单元的人口数量空间化。人口空间化数据为进行空间统计分析和多领域之间数据共享带来极大便利。中国人口空间分布公里网格数据集是在全国分县人口统计数据的基础上，综合考虑了夜间灯光亮度、土地利用类型、居民点密度等与人口密切相关的因素，利用多因子权重分配法将人口数据展布到空间格网上，从而实现人口的空间化。

　　本次研究通过 WorldPop 网站下载了日照市主城区分辨率为 100m 的人口密度数据，用以参与城乡绿地布局影响因素的地理探测。观察图 4-13 可知，日照市主城区人口主要集中在石臼街道、秦楼街道和日照街道，而北京路街道和奎山街道人口密度较低。彩图 2 反映的人口空间密度与表 4-4 统计的行政单元统计数据基本一致，证明本次下载的日照市主城区人口密度数据真实可用。

4.2.4.5　经济发展

　　国内生产总值（GDP）是社会经济发展和区域资源保护的重要指标之一。中国 GDP 空间分布公里网格数据集在全国分县 GDP 统计数据的基础上，综合考虑了与人类经济活动密切相关的土地利用类型、居民点密度、夜间灯光亮度等多种因素，利用多因子权重分配法将 GDP 数据展布到栅格单元上，从而实现 GDP 的空间化。

日照市主城区所辖街道概况　　　　　　　　　　　　　　　表 4-4

序号	街道/镇名称	人口（万人）	面积（km²）	行政村/社区（个）	特色与资源
1	日照街道	18（5.3户籍）	48.6	41/18	日照老城
2	石臼街道	13.1	13.5	0/28	始建于北宋；6km海岸线
3	秦楼街道	15	41	31/12	大学城；2.65km海岸线
4	北京路街道	9.5	51.6	41/4	国家生态工业示范园区、国家级低碳工业示范园区、国家级循环化改造示范园区、国家新型工业化汽车产业（零部件）示范基地
5	奎山街道	4.0	64	43/1	"吕母崮"遗址；奎山、蔡家滩两个省级森林公园；傅疃河、夹仓口两个市级生态湿地

信息来源：根据日照市人民政府（rizhao.gov.cn）数据整理

本次研究通过中国科学院资源环境科学与数据中心网站下载了日照市主城区 1km 网格的 GDP 空间分布数据，用以参与城乡绿地布局影响因素的地理探测。该数据为栅格数据类型，每个栅格代表该网格范围内的 GDP 总产值，单位为万元/km²。从彩图 3 观察可知，日照市主城区 GDP 较高区域分布在石臼街道和秦楼街道，与以第二产业为主的石臼街道和以第三产业为主的秦楼街道的经济现状相符。位于城区南部的日照经济技术开发区还处于建设状态，与 GDP 较低的空间分布一致，证明本次下载的日照市主城区 GDP 空间数据真实可用。

4.2.4.6　历史文化

日照市以"海上日出，曙光先照"之地而得名，文化底蕴丰厚。据牛津大学出版的《世界史便览》记载，日照两城修建于公元前 3500 年到公元前 2000 年之间，是亚洲最早的城市。日照是"龙山文化"的重要发祥地之一，其中两城遗址是龙山文化的典型代表。陵阳河遗址发掘的莒文化历史悠久，底蕴丰富，曾与齐文化、鲁文化并称山东三大文化。有五千年历史的日照黑陶是华夏文明之瑰宝。

日照市主城区内文物保护单位共有国家级 1 个，省级 3 个，市级 8 个（表 4-5，图 4-12）。东海峪遗址 2006 年被国务院核定公布为第六批全国重点文物保护单位。东海峪遗址位于北京路街道东海峪村，市区南郊，奎山正东，东距黄海 1km，地势平坦，面积约 8hm²。1960 年于东海峪遗址发现了大汶口文化晚期、大汶口文化向龙山文化过渡期和龙山文化时期的"三叠层"，出土了大量的石器、骨器和陶器等。其中出土的有代表性的陶器有鬶、鼎、豆、高柄杯等。中国仅有的两件完整的蛋壳黑陶镂孔高柄杯均出土于东海峪遗址，是 1992 年中国文物精华展 200 件全国文物珍品之一。2015 年，东海峪遗址保护与展示工程项目立项及方案编报工作完成。

日照市主城区文物保护单位一览表　　　　　　　　表4-5

级别	序号	文物保护单位名称	批次或公布日期	文件	年代	类别	所在地址	
							镇	村
国家级	1	东海峪遗址	第六批 2006年5月	国发（2006）19号	大汶口、龙山文化	古遗址	石臼街道	东海峪
省级	1	海曲汉墓群	第五批 2015年6月	鲁政字[2015]142号	汉	古墓葬	日照街道	西十里堡
	2	王献唐故居	第五批 2015年6月	鲁政字[2015]142号	清	近现代建筑	北京路街道	韩家村
	3	石臼灯塔	第五批 2015年6月	鲁政字[2015]142号	1933年	近现代建筑	日照港集团有限公司一公司	港东三路东侧
市级	1	海曲故城	第一批 2009年12月	日政发[2009]62号	汉	古遗址	日照街道	烟墩岭
	2	小莲村牟氏祠堂	第二批 2013年1月	日政发〔2013〕2号	清	古建筑	日照街道	小莲村
	3	冯家沟遗址	第一批 2009年12月	日政发[2009]62号	龙山文化	古遗址	秦楼街道	冯家沟
	4	东两河遗址	第一批 2009年12月	日政发[2009]62号	北辛文化	古遗址	奎山街道	东两河
	5	崮河崖遗址	第一批 2009年12月	日政发[2009]62号	商周、汉	古遗址	奎山街道	崮河崖村
	6	张氏家族墓群	第一批 2009年12月	日政发[2009]62号	金	古墓葬	奎山街道	西河村
	7	琅墩坡墓群	第二批 2013年1月	日政发〔2013〕2号	汉	古墓葬	奎山街道	琅墩坡村
	8	夹仓四村关公庙	第二批 2013年1月	日政发〔2013〕2号	清	古建筑	奎山街道	夹仓四村

4.2.4.7　城市空间布局

城市总体规划是对一定时期内城市发展目标、发展规模、土地利用、空间布局以及各项建设的综合部署和实施措施，是引导和调控城市建设，保护和管理城市空间资源的重要依据和手段。改革开放以来，日照市曾五次编制城市总体规划[74,75]（表4-6）。通过总体规划的实施，日照的城市发展布局逐步建立，城市功能不断完善，人居环境明显改善，城市品位逐步提升。

（1）1984版总体规划——港城双核结构

第一次编制总体规划是为配合日照（石臼）煤炭码头和兖石铁路的建设。1982年由山东省城市规划设计研究院编制了日照县城总体规划和石臼所总体规划，1984年经

图 4-12　日照市主城区文物保护单位分布图

省人民政府批准实施。在 1984 版总体规划指导下，依托石臼港，石臼所成为临港配套服务区，县城不断扩展，兖石铁路的建成，带动旧城区与港区之间形成东西轴向的非连续带状扩展。

（2）1989 版总体规划——主城功能溢出飞地式结构

第二次编制总体规划是经国务院批复建立县级日照市以后，1986 年由山东省城市规划设计研究院编制了《日照市城市总体规划纲要》，1989 年 2 月省政府批准实施。在 1989 版总体规划指导下，临港工业迅速西扩，主城区工业沿公路铁路沿线非连续东扩；1993 年市政府东迁，开始新区建设，飞地式结构初步形成，1994 年开发区设立，导致主城区核心功能在区位上向东偏移。

（3）1994 版总体规划——港城组团式结构

第三次编制总体规划是设立地级市以后，1991 年由中国城市规划设计研究院编制了《日照市城市总体规划（1994—2010 年）》，1994 年 9 月经省政府正式批复实施。在 1994 版总体规划指导下，石臼港和临港工业继续壮大，开发区迅速扩张。日照新区，空间继续北扩，大学搬入，文化功能强化，经济基础提升。

（4）2006 版总体规划——沿岸线飞地式结构

第四次是 2005 年修编城市总体规划，2006 年 6 月 15 日，日照市十五届人大五次会议审议通过了《日照市城市总体规划（2006—2020 年）》，2011 年 5 月 9 日经省

日照市历版总规及城市结构演变分析 　　　　　表 4-6

规划名称	规划总平面图	城市布局图	结构
1984 年《日照县城市总体规划图》			港城双核结构
1989 年《日照市城市总体规划纲要》			主城功能溢出飞地式结构
《日照市城市总体规划（1994—2010 年）》			港城组团式结构
《日照市城市总体规划（2006—2020 年）》			沿岸线飞地式结构
《日照市城市总体规划（2018—2035 年）》			沿岸线组团式结构

资料来源：《日照市城市总体规划（2018—2035 年）》，城市布局图由作者基于山东省自然资源厅标准地图自然地理版改绘，审图号：鲁 SG（2020）019 号

政府正式批复实施。在 2006 版总体规划指导下，滨海旅游以万平口为核心向北拓展，重化工业跳出日照城区在岚山布局，整个空间结构呈现沿海岸线飞地式结构。

（5）2018 版总体规划——沿岸线组团式结构

第五次是 2018 年修编城市总体规划，2018 年 11 月 8 日，《日照市城市总体规划（2018—2035 年）》经省政府批复实施。2018 版总体规划坚持海陆统筹，南北一体的原则，完善"港—城—产"的功能布局，加强组团之间的快速交通联系和隔离绿化保护，形成沿岸线组团式城市形态。

城市道路是城市空间的骨架。本次研究绘制了日照市主城区三级及以上级别道路的空间分布图。通过观察图 4-13 发现，日照市主城区道路网较为密集的区域分布在城市东北部的新市区、东南部的石臼区以及南部开发区的部分地块，路网密度基本反映出城市的空间格局。因此，选择日照市主城区路网分布数据参与城乡绿地布局影响因素的地理探测。

图 4-13 日照市主城区路网分布图

4.2.4.8 公共政策

1985 年，经国务院批准，日照撤县建市，1989 年升级为地级市，1992 年设区带县。1985 年以来，日照市颁布的与城市绿化相关的公共政策可梳理为以下四个阶段，期间的绿化建设成果称为政策性绿地。

（1）1985—1995 年构建城市格局阶段

1985—1995 年是日照撤县建市的成长期。在三版城市总体规划（1984 版、1989 版、1994 版）的指导下，日照市的城市绿化建设处于从无到有的过程，期间主要的政策性绿地有海曲公园、石臼港绿地和兖石铁路防护绿地。

海曲公园是日照市建设的第一个城市综合公园，1986 年始建，随后多次进行改建和扩建，已被评为"全省十佳公园"。海曲公园在地域特色上反映日照历史文脉和时代特征。该园占地面积 18.1hm^2，其中水域面积 7.5hm^2，全园绿化覆盖率达到 93%，分为六个功能分区，即老年活动区、儿童活动区、水景园、花卉展览区、动物园、行政办公区。

1985 年建成的石臼港是国家一级对外开放港口。同年建成的兖石铁路对晋煤外运、沂蒙山区开发、鲁南经济振兴和巩固国防均具有重要意义。为保护城市的生态环境，日照市在这十年间配建了石臼港道路附属绿地和兖石铁路部分防护绿地。

（2）1996—2006 年创建国家园林城市阶段

在《日照市城市总体规划（1994—2010 年）》的指导下，石臼港和临港工业不断壮大，开发区迅速扩张；日照新城区空间继续北扩，大学搬入，文化功能强化，经济基础提升。在良好的城市发展背景下，日照以创建国家园林城市为目标，大力开展全民义务植树活动，新增绿化面积 128hm^2；新建了因河公园、植物园等一批城乡绿地，植树 3.2 万株，城市绿化覆盖率达到了 32%。2005 年日照市被评为国家园林城市。

（3）2007—2017 年园林建设与管理法制化阶段

日照市在这一阶段加强了对园林绿化成果的保护工作，积极自查，主动发现问题，逐步完善城市绿化的法规文件（表 4-7），做到城市绿化有法可依，精细化管理。

日照市城市绿化法规文件汇总表 表 4-7

时间	法规文件	文件编号
2009-2-25	《日照市城市绿化管理办法》	市政府令第 60 号
2012-3-25	《日照市绿道管理办法》	市政府令第 74 号
2015-2-1	《日照市山体恢复植被保护管理办法》	市政府令第 91 号
2016-1-1	《日照市全民义务植树实施办法》	市政府令第 103 号
2016-1-1	《日照市古树名木保护管理办法》	市政府令第 104 号
2016-1-5	《日照市封山育林管理办法》	市政府令第 108 号
2016-1-5	《日照市沿海防护林管理办法》	市政府令第 109 号

资料来源：日照市人民政府 政策文件专题（rizhao.gov.cn）

结合创建国家森林城市的目标，日照市这一阶段的政策性绿地主要集中在荒山披绿、平原增绿、水系扩绿、路网连绿和退耕还果还林五大区域绿化工程中[76]，新建国家级湿地公园 1 处、省级湿地公园 2 处。在主城区，依据日照市绿地系统规划，建设各类公园绿地 108 个，持续推进市区裸露土地绿化整治工程和城市林荫公园、林荫庭院小区、林荫道路、林荫停车场"四大林荫工程"。

（4）2018—2025 年创建国家生态园林城市阶段

2018 年 4 月 11 日，日照市召开创建国家生态园林城市动员会[77]。会议部署新时代城市工作及国家生态园林城市创建工作，针对日照市主城区城乡绿地分布不均、类型单一、品质不佳等问题，对建设计划进行布局。围绕"300 米见绿、500 米见园"要求，实施拆墙透绿、拆迁建绿工程，打造市民公园、高铁公园等城市绿化亮点，配建园路、坐凳、环卫、健身等设施，提升公园绿地品质，计划至 2025 年，在市区建设874.74hm^{2}公园绿地。

通过梳理日照市不同时期的绿化建设成果，在 GIS 平台将政策性绿地单独勾画出来（图 4-14）。用政策性绿地的空间分布图反映公共政策对城市绿化布局的影响。如日照市利用采石废弃地建设碧霞湖、银河公园等城市公园绿地，因大型赛事建设奥林匹克水上运动公园，因创建国家园林城市建设沿河滨水绿地，因创建国家生态园林城市建设老城区口袋公园及生态修复绿地奎山公园等。

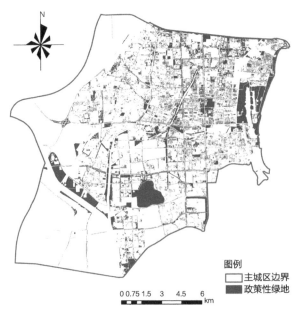

图 4-14　日照市主城区政策性绿地分布图

4.2.5 日照市主城区空间数据的类型化

基于文献计量梳理和日照市本地的自然人文条件，确定本次研究因变量为日照市主城区绿地面积，自变量包含坡度、距水域距离、人口密度、GDP均值、距文保单位距离、路网密度、政策性绿地面积7个因子，其指标含义见表4-8。

城乡绿地布局因变量与自变量指标   表4-8

因子编号	因子名称	指标含义
Y	城市绿地面积	主城区单位面积上的绿地面积
X1	坡度	地表单元陡缓的程度
X2	距水域距离	距主城区水域的直线距离
X3	人口密度	主城区单位面积中的人口数量
X4	GDP均值	主城区单位面积上的GDP平均值
X5	距文保单位距离	距主城区内文保单位的直线距离
X6	路网密度	主城区单位面积上的城市道路总面积
X7	政策性绿地面积	主城区单位面积上的政策性绿地面积

基于Arcgis10.2软件创建渔网工具，生成1km×1km网格，与日照市主城区边界相交后，共288个格点作为采样点。将目视解译出的日照市主城区绿地矢量图与渔网相交，得到每个渔网内的绿地面积。（图4-15、图4-16）

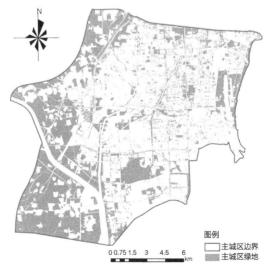

图例
□ 主城区边界
▨ 主城区绿地

0 0.75 1.5   3   4.5   6
km

图4-15 日照市主城区绿地分布图

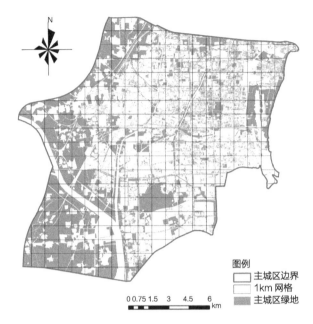

图 4-16 日照市主城区绿地与渔网相交图

GeoDetector 的自变量的类型量处理分为两种：一种是基于规范标准等对数值型自变量进行离散化处理，例如根据人的步行距离舒适度，对距水域、距文保单位距离的远近划分为 5 个类型。另一种是通过等距离分段法、自然间断点分段法等分类算法进行处理，例如坡度、人口密度、GDP 均值、路网密度和政策性绿地面积通过自然间断点分段法分为 8 个类型。具体见彩图 5，表 4-9。

4.2.6 日照市主城区绿地布局归因分析

4.2.6.1 单因子探测

提取日照市主城区各网格绿地面积及影响因子数据，输入 GeoDetector 软件。计算后得到影响因子的解释力 q 值，q 值 > 0.1 的因子是城乡绿地布局的主导影响因子。对每个网格单元绿地与各影响因素进行 Pearson 相关关系检验，p 值 < 0.05 的因子为城乡绿地布局的显著影响因子。观察表 4-10 的数值发现：

①解释力从大到小依次为距水域距离、GDP 均值、坡度、人口密度、政策性绿地面积、路网密度、距文保单位距离。

②自然环境影响因子中距水距离和坡度是影响城乡绿地布局的核心因素。城乡绿地面积与距水域距离呈现负相关，距离水域越近，绿地面积越大。坡度与绿地布局呈正相关趋势，即坡度由高到低与城乡绿地的空间分布具有较高的一致性。

日照市主城区城乡绿地布局影响因子类型划分

表4-9

影响因子	类型1	类型2	类型3	类型4	类型5	类型6	类型7	类型8
坡度	0~0.478528°	0.478528~0.960475°	0.960475~1.591148°	1.591148~2.575204°	2.575204°~5.071771°	5.071771°~9.233574°	9.233574°~15.88393°	>15.88393°
距水域距离	<300m	300~500m	500~1000m	1000~2000m	>2000m	—	—	—
人口密度	0~9.770202	9.770202~14.495916	14.495916~20.688147	20.688147~28.181622	28.181622~36.872738	36.872738~46.795532	46.795532~57.431019	57.431019~76.542059
GDP均值	0~2708	2708~4247	4247~4551	4551~4982	4982~5813	5813~7724	7724~9361	9361~12359
距文保单位距离	<300m	300~500m	500~1000m	1000~2000m	>2000m	—	—	—
路网密度	0~0.027154	0.027154~0.052684	0.052684~0.07344	0.07344~0.09498	0.09498~0.123092	0.123092~0.67303	0.167303~0.25589	0.25589~0.459813
政策性绿地面积	0~0.042204	0.042204~0.104677	0.104677~0.154612	0.154612~0.20623	0.20623~0.257722	0.257722~0.318933	0.318933~0.480607	0.480607~0.831334

③人文社会因素中 GDP 均值、人口密度和政策性绿地面积对城乡绿地具有显著影响，其中 GDP 均值对城乡绿地布局的解释力最强。GDP 均值和政策性绿地面积对城乡绿地面积具有促进作用，人口密度对城乡绿地面积具有抑制作用，人类活动密集区域绿地数量少，破碎度较高。

④路网密度和距文保单位距离解释力较弱，是由于城市中心和历史文化点在空间上呈点状，具有规模弱势，导致其对城乡绿地布局的影响小。

日照市主城区城乡绿地布局影响因子的解释力　　　　　　　表 4-10

影响因子	坡度	距水域距离	人口密度	GDP 均值	距文保单位距离	路网密度	政策性绿地面积
q 值	0.122	0.195	0.087	0.149	0.019	0.045	0.072
p 值	0.032	0.000	0.035	0.000	0.573	0.377	0.040

4.2.6.2　多因子交互探测

多因子交互探测后，观察表 4-11 的 q 值变化发现：

日照市主城区城乡绿地布局影响因子交互探测解释力（q 值）　　　表 4-11

交互作用	坡度	距水域距离	人口密度	GDP 均值	距文保单位距离	路网密度	政策性绿地面积
坡度	0.122	—	—	—	—	—	—
距水域距离	0.321	0.195	—	—	—	—	—
人口密度	0.260	0.359	0.087	—	—	—	—
GDP 均值	0.368	0.405	0.299	0.149	—	—	—
距文保单位距离	0.193	0.326	0.157	0.267	0.019	—	—
路网密度	0.230	0.313	0.238	0.251	0.219	0.045	—
政策性绿地面积	0.303	0.353	0.243	0.291	0.261	0.218	0.072

①多因子交互作用会加强城乡绿地布局影响因子的解释力，其中，坡度同距水域距离交互时为双因子增强，其余各因子交互均为非线性增强趋势，说明自然与自然因子的交互作用弱于自然与人文因子的交互作用。

②距水域距离因子与其他因子交互，解释力明显增大，距水域距离∩ GDP 均值（q 值 0.405）对城乡绿地布局影响的解释力最大，其次是坡度∩ GDP 均值（q 值 0.368）、水域距离∩人口密度（q 值 0.359）、水域距离∩政策性绿地面积（q 值 0.353），再一次证明了自然影响因子中的水域和人文影响因子中的经济是最为突出的两个影响因素。

③与其他因子交互后，各影响因素的解释力排序有所改变，政策性绿地面积和路网密度的影响力凸显，说明政府规划行为的参与对城乡绿地的分布有重要影响作用。

4.3　城乡绿地布局主导因素讨论与应用

本书基于文献调研发现，城乡绿地布局的主要影响因素包括地形地貌、水文条件、气候条件等3项自然影响因素和人口密度、经济发展、历史文化、城市空间布局、公共政策等5项人文影响因素。以日照市主城区为实证案例地，用 GeoDetector 加以归因分析，量化各影响因子的影响力水平。实证结果显示，自然要素中的水文条件和人文要素中的经济发展是决定城乡绿地布局的最主要因素。

李方正通过最小偏二乘回归对北京市中心城绿色空间格局演变进行总体影响分析，并使用地理加权回归模型探讨影响的空间差异性。研究发现，比较稳定的自然因素对绿色空间面积演变影响不显著，对绿色空间景观格局演变起到限制约束作用，而不断变化的社会经济驱动因子则是城市绿色空间景观格局变化的直接驱动力[56]。周铃从旅游文化的角度分析后认为，政府行为对成都绿地休闲空间布局起到了刚性制约的作用，其次才是经济、人口、社会文化和居民休闲行为。城市作为旅游资源和休闲设施的集聚之地，必然受到公共政策的影响，即城市的绿地休闲空间布局是一种人为主动干预的目的性活动，是政府意志的有意识控制[14]。张浪在城市绿地系统有机进化的研究中发现（表4-12），城市绿地布局演进的外推力是物质、能量或信息的输入，内驱力是人的认识，即经济发展是绿地进化的根本动力，公共政策是引导城市绿化发展的重要手段；在对城市绿地进化的变异基因进行选择时，自然选择是客观约束条件，而人的世界观、价值观则成为人工选择的依据[78]。

城市绿地布局进化机制　　　　表4-12

机制类型	内容	内涵	作用
启动机制	外推力	外界物质、能量或信息的输入	进化动力
	内驱力	人的认识	
作用机制	基础动力	城市经济发展、产业结构调整、基础设施规划建设等	变异
	公共政策	园林城市、后园林城市、行政法规等	
	城乡关系	城乡一体化、生态网络化、要素区域化等	
	内部结构	大型公共绿地、生态廊道、旧城区的改造等	
	资源利用	湿地保护、林地保护与建设、农用地保护利用等	
	绿地功能	生态功能的提升、游憩功能的强化、景观功能的优化等	
	外部环境	自然资源	环境影响
过程机制	自然选择	符合自然、适应自然、环境评判	选择
	人工选择	世界观、价值观	

资料来源：参考文献[78]

结合以上讨论，本章研究认为自然因素是城乡绿地布局的约束影响因子，经济是城乡绿地发展的驱动影响因子，公共政策是城乡绿地布局与发展的关键影响因子。生态正义作为社会主义核心价值观的重要体现，应转化为公共政策，成为引导城乡绿地建设的主流价值观之一。生态正义价值观对城乡绿地布局的影响机制将在第5章作深入剖析。本章研究结论对城乡绿地规划与建设有以下三方面应用策略。

（1）尊重自然，顺应自然本底

自然环境因素中的水文条件和地形地貌对城乡绿地布局的解释力居于前三位，并且坡度和距水域距离交互时呈现双因子增强。对比空间分类图发现，城市中绿地分布密度随着坡度增加而增大，距离水域越近密度越大，故在开发建设过程中一方面要尊重地形地貌，顺应自然本底进行开发建设，另一方面应合理规划保护蓝线，加强城市自然水系周围的缓冲、防护绿地建设，串联滨河绿地构建高效协同的蓝绿生态网络。

（2）经济支持，保障绿地品质

研究结果显示，GDP均值与城乡绿地密度呈正相关趋势，即城市经济与绿地发展紧密相关。城市必须有一定的绿化专项资金投入，才能保障绿地数量的供给。从人类需求侧来看，人口聚集区域对绿地数量的需求更多，但在城市高效集约的土地利用政策下，大面积绿地建设受到约束。因此，城市应注意对现有绿化的养护管理和小微绿地建设的经济投入，维护好城市绿化成果，并持续提升城乡绿地品质。

（3）政策引导，树立生态正义价值观

政策法规对城乡绿地布局具有显著的推动和引导作用，政府应科学制定政策法规，遵循先批后建、高效利用存量建设用地、营造小微绿地均衡绿地布局、监督管理的原则，确保市民公平分配享用绿地资源、平等履行绿化义务、承担生态损害赔偿责任、正当保护与修复城市自然生境。坚持绿色发展理念，树立生态正义价值观，对构建以人为本、三生协同的城市空间具有重要意义。

4.4 本章小结

本章对城乡绿地布局影响因素进行研究用以回答生态正义何以能影响城乡绿地布局的问题。承接第3章城乡绿地布局理论研究结论，在多学科交叉视角下，分别在中国知网（CNKI）和Web of Science核心集合两个文献搜索引擎中收集有关城乡绿地布局的影响因素。采用内容分析法和文献计量法，用统计数据加以论证。理论研究发现：地形地貌、水文条件、气候条件等3项自然影响因素和城市空间布局、历史文化、经济发展、人口密度、公共政策等5项人文影响因素是城乡绿地布局的主要影响因素。

日照市城市发展与绿化建设是中国快速城镇化过程的典型代表。因此，选取经历城市发展阶段完整，且人地矛盾，空间博弈最为突出的日照市主城区为实证案例研究区。

利用日照市主城区典型的城乡绿地空间分异性，发挥地理探测器的工作原理优势，从直观的空间角度探索了城乡绿地布局的主导因素。实证研究发现：自然因素是城乡绿地布局的约束影响因子，经济是城乡绿地发展的驱动影响因子，公共政策是城乡绿地布局与发展的关键影响因子。因此，生态正义作为社会主义核心价值观的重要体现，势必会转化为公共政策，成为引导城乡绿地建设的主流价值观之一，从而影响城乡绿地布局。

对于城乡绿地布局影响因素的研究，常用逻辑回归、最小偏二乘回归等数学方法进行归因，但以上方法均存在抽象、无空间内涵的弊端。本研究引入了地理探测器（GeoDetector）进行归因，实现了城乡绿地布局影响因素的空间归因分析。GeoDetector 是测度空间分异性，并揭示其背后驱动力的一组统计学方法，可以进行单因子探测，也可以进行多因子交互探测。GeoDetector 被广泛应用于自然和社会的多个领域，从国家尺度到乡镇尺度，从自然现象到社会事件，均有所涉猎，但用于城乡绿地布局的归因分析较少。本章研究拓展了 GeoDetector 的应用领域，也为国土空间规划的影响因素空间分析做了有意义的尝试。

参考文献

[1]   麦克哈格 . 设计结合自然 [M]. 芮经纬，译 . 北京：中国建筑工业出版社，1992.

[2]   保继刚，楚义芳 . 旅游地理学 [M]. 北京：高等教育出版社，1000.

[3]   贾建中 . 城市绿地规划设计 [M]. 北京：中国林业出版社，2001.

[4]   王亚军 . 生态园林城市规划理论研究 [D]. 南京：南京林业大学，2007.

[5]   KABISCH N, HAASE D. Green spaces of European cities revisited for 1990-2006[J]. Landscape and Urban Planning, 2013, 110（2）: 113-122.

[6]   徐雁南 . 城市绿地系统布局多元化与城市特色 [J]. 南京林业大学学报（人文社会科学版），2004（4）: 64-68.

[7]   徐英 . 现代城市绿地系统布局多元化研究 [D]. 南京：南京林业大学，2005.

[8]   马建梅 . 现代城市绿地系统结构研究 [D]. 南京：南京林业大学，2005.

[9]   张浪 . 特大型城市绿地系统布局结构及其构建研究 [D]. 南京：南京林业大学，2007.

[10]   胡艳 . 迈向生态园林城市的绿地系统规划与构建研究 [D]. 合肥：安徽农业大学，2007.

[11]   梁静静 . 城市绿地系统布局结构研究 [D]. 重庆：西南大学，2007.

[12]   刘纯青 . 市域绿地系统规划研究 [D]. 南京：南京林业大学，2008.

[13] 刘韩. 城市绿地空间布局合理性研究 [D]. 上海：同济大学，2008.

[14] 周铃. 城市绿地休闲空间布局研究——以成都市为例 [D]. 成都：四川师范大学，2008.

[15] 张小娟. 兰州市绿地系统规划初探 [D]. 西安：西安建筑科技大学，2008.

[16] 倪丽丽. 中国特大城市绿地系统规划布局结构模式的研究 [D]. 合肥：安徽农业大学，2008.

[17] 雷芸. 持续发展城市绿地系统规划理法研究 [D]. 北京：北京林业大学，2009.

[18] 陈照. 城镇绿地布局研究 [D]. 北京：北京林业大学，2009.

[19] 吴小琼. 山地城市绿地系统布局结构研究 [D]. 重庆：西南大学，2009.

[20] 庞俊凤. 基于步行功能的城市绿地网络构建 [D]. 南京：南京林业大学，2010.

[21] 张尚路. 山水城市绿地系统规划研究 [D]. 济南：山东建筑大学，2011.

[22] 李矫镅. 榆林市城市绿地系统现状评价与规划对策研究 [D]. 西安：西北大学，2011.

[23] 周媛，石铁矛，胡远满等. 沈阳城市绿地适宜性与空间布局 [J]. 生态学杂志，2011，30（8）：1805-1812.

[24] 杨盼盼，李东和. 城市绿地布局结构的演化特征及发展趋势——以北京市为例 [J]. 山东建筑大学学报，2011，26（6）：556-559.

[25] 王洪蕾. 武汉城市绿地休闲空间布局研究 [D]. 武汉：湖北大学，2012.

[26] 郭春华. 基于绿地空间形态生成机制的城市绿地系统规划研究 [D]. 长沙：湖南农业大学，2013.

[27] 杨杰. 成都市城市绿地的规划布局及影响因素 [J]. 现代园艺，2013（12）：139-141.

[28] 贾媛媛. 快速城镇化地区绿地空间格局评价与调控研究 [D]. 合肥：安徽建筑大学，2015.

[29] 马晓婉. 基于空间信息技术的鲁西南地区小城市绿地系统布局研究 [D]. 济南：山东建筑大学，2016.

[30] 苗延. 首都核心区居住片区公共绿地优化研究 [D]. 北京：北京建筑大学，2020.

[31] 雍玉婷. 基于历史视角的青岛园林绿地布局特色研究 [D]. 青岛：青岛理工大学，2020.

[32] 孙博杰. 基于地理探测器的城市绿地布局影响因素探析 [D]. 济南：山东建筑大学，2020.

[33] NAKAGOSHI N, Uy P D. Analyzing urban green space pattern and eco-network in Hanoi, Vietnam[J]. Landscape and Ecological Engineering, 2007, 3（2）: 143-157.

[34] SAMAT N, HASNI R, ELHADARY Y. Modelling Land Use Changes at the Peri-Urban Areas Using Geographic Information Systems and Cellular Automata Model[J]. Journal of Sustainable Development, 2011, 4（6）.

[35] TANG J, CHEN F, SCHWARTZ S S. Assessing spatiotemporal variations of greenness in the Baltimore‐Washington corridor area[J]. Landscape and Urban Planning, 2012, 105（3）: 296-306.

[36]　BYOMKESH T, NAKAGOSHI N, DEWAN A M. Urbanization and green space dynamics in Greater Dhaka, Bangladesh[J]. Landscape and Ecological Engineering, 2012, 8（1）: 45-58.

[37]　LOVELL S T, TAYLOR J R. Supplying urban ecosystem services through multifunctional green infrastructure in the United States[J]. Landscape Ecology, 2013, 28（8）: 1447-1463.

[38]　NIEMELA J. Ecology of urban green spaces: The way forward in answering major research questions[J]. Landscape and Urban Planning, 2014, 125（5）: 298-303.

[39]　KABISCH N. Ecosystem service implementation and governance challenges in urban green space planning—The case of Berlin, Germany[J]. Land Use Policy, 2015, 42（1）: 557-567.

[40]　MCWILLIAM W, BROWN R, EAGLES P, et al. Evaluation of planning policy for protecting green infrastructure from loss and degradation due to residential encroachment[J]. Land Use Policy, 2015, 47（9）: 459-467.

[41]　ACHMAD A, HASYIM S, DAHLAN B, et al. Modeling of urban growth in tsunami-prone city using logistic regression: Analysis of Banda Aceh, Indonesia[J]. Applied Geography, 2015, 62: 237-246.

[42]　LIANG P, YANG X P. Landscape spatial patterns in the Maowusu（Mu Us）Sandy Land, northern China and their impact factors[J]. CATENA, 2016, 145: 321-333.

[43]　ADAM G, HERMAWAN R, PRASETYO L B. Use of Geographical Information System（GIS）and remote sensing in development of urban forest types and shapes in Tangerang Selatan City[M]. Bogor, INDONESIA: Bogor Agr Univ, Ctr Environm Res Res & Community Serv Inst, Directorate Res & Innovat; Natl Inst Aeronaut & Space Indonesia, 2017.

[44]　FINAEVA O. Role of Green Spaces in Favorable Microclimate Creating in Urban Environment（Exemplified by Italian Cities）[M]. Chelyabinsk, RUSSIA: IOP PUBLISHING LTD, 2017.

[45]　RICHARDS D R, PASSY P, OH RRY. Impacts of population density and wealth on the quantity and structure of urban green space in tropical Southeast Asia[J]. Landscape and Urban Planning, 2017, 157: 553-560.

[46]　ZHANG Z M, ZINDA J A, YANG Z J, et al. Effects of topographic attributes on landscape pattern metrics based on redundancy ordination gradient analysis[J].

Landscape and Ecological Engineering, 2018, 14（1）: 67-77.

[47]   DANIELS B, ZAUNBRECHER B S, PAAS B, et al. Assessment of urban green space structures and their quality from a multidimensional perspective[J]. Science of The Total Environment, 2018, 615: 1364-1378.

[48]   HUANG C H, YANG J, JIANG P. Assessing Impacts of Urban Form on Landscape Structure of Urban Green Spaces in China Using Landsat Images Based on Google Earth Engine[J]. Remote Sensing, 2018, 10（10）: 1569.

[49]   XIU N, IGNATIEVA M, KONIJNENDIJK C. Historical perspectives on green structure development: the examples of Stockholm, Sweden and Xi'an, China[J]. Landscape Research, 2019, 44（8）: 1050-1063.

[50]   POKHREL S. Green space suitability evaluation for urban resilience: an analysis of Kathmandu Metropolitan city, Nepal[J]. Environmental Research Communications, 2019, 1（10）: 105003.

[51]   NING F, OU S J, HSU C Y, et al. Analysis of landscape spatial pattern changes in urban fringe area: a case study of Hunhe Niaodao Area in Shenyang City[J]. Landscape and Ecological Engineering, 2021, 17（4）: 411-425.

[52]   吴人韦 . 国外城市绿地的发展历程 [J]. 城市规划，1998（6）: 39-43.

[53]   GIBBERD F. 哈罗新城，英国 [J]. 世界建筑，1983（6）: 30-34.

[54]   杨赉丽 . 城市园林绿地规划 [M]. 北京：中国林业出版社，2019.

[55]   杭州市规划与自然资源局 .《杭州市水系景观规划研究》通过专家评审 [EB/OL].（2008-1-24）. http: //ghzy.hangzhou.gov.cn/art/2008/1/24/art_1228962612_40246745.htm.

[56]   李方正 . 基于多源数据分析的北京市中心城绿色空间格局演变和优化研究 [D]. 北京：北京林业大学，2018.

[57]   肖希 . 澳门半岛高密度城区绿地系统评价指标与规划布局研究 [D]. 重庆：重庆大学，2017.

[58]   肖希，李敏 . 绿斑密度：高密度城市绿地规划布局适用指标研究——以澳门半岛为例 [J]. 中国园林，2017，33（7）: 97-102.

[59]   李鑫，马晓冬，薛小同等 . 城市绿地空间供需评价与布局优化——以徐州中心城区为例 [J]. 地理科学，2019，39（11）: 1771-1779.

[60]   刘颂，刘滨谊，温泉平 . 城市绿地系统规划 [M]. 北京：中国建筑工业出版社，2011.

[61]   GALLION. A. B. The Urban Pattem [M]. Van Nostrand: Van Nostrand Reinhold Company，1983.

[62]   李德华 . 城市规划原理（第三版）[M]. 北京：中国建筑工业出版社，2001.

[63]   李磊，刘晓明，张玉钧 . 二环城市快速路与北京城市发展 [J]. 城市发展研究，2014，21

（7）：32-41.

[64] 吴人韦，尹仕美，周进 . 我国城市绿化规划实施管理的现状与对策 [J]. 规划师，2005
（2）：64-66.

[65] 中华人民共和国住房和城乡建设部 . 城市规划基本术语标准：GB/T 50280—98[S]. 北京：
中国建筑工业出版社，1998.

[66] 中华人民共和国住房和城乡建设部 . 关于公布国家生态园林城市试点城市的通知（建城
函〔2007〕196 号）[EB/OL]（2007-6-15）. https：//www.mohurd.gov.cn/gongkai/
zhengce/zhengcefilelib/200706/20070615_157280.html.

[67] 林鹰 .《城市园林绿化评价标准》解读 [J]. 建设科技，2010（7）：60-63.

[68] 中华人民共和国住房和城乡建设部 . 住房城乡建设部关于印发国家园林城市系列标准及申
报评审管理办法的通知（建城〔2016〕235 号）[EB/OL]（2006-11-4）. https：//www.
mohurd.gov.cn/gongkai/zhengce/zhengcefilelib/201611/20161104_229393.html.

[69] 王洁宁，王浩 . 新版《城市绿地分类标准》探析 [J]. 中国园林，2019，35（4）：92-95.

[70] 金云峰，李涛，周聪惠等 . 国标《城市绿地规划标准》实施背景下绿地系统规划编制内容
及方法解读 [J]. 风景园林，2020，27（10）：80-84.

[71] 王劲峰，徐成东 . 地理探测器：原理与展望 [J]. 地理学报，2017，72（1）：116-134.

[72] REN Y, DENG L Y, ZUO S D et al. Quantifying the influences of various ecological
factors on land surface temperature of urban forests[J]. Environmental Pollution，
2016，216：519-529.

[73] 日照市人民政府 . 日照经济技术开发区区情概况 [M].（2020-11-17）[2022.3.23].
https：//www.gov.cn/zhengce/zhengceku/2020-11/22/content_5563311.htm.

[74] 改革开放 40 年回顾日照城市总体规划演变史 [M].（2018-09-21）[2020.4.1]. http：//
epaper.rznews.cn/shtml/rzrb/20180921/465933.shtml.

[75] 山东省人民政府 . 关于《日照市城市总体规划（2018-2035 年）》的批复 [EB/OL]（2018-
12-18）. http：//www.shandong.gov.cn/art/2018/12/18/art_100623_25575.html.

[76] 日照市人大 . 关于创建国家森林城市工作情况的报告 [R]. [2020.4.33] http：//www.rzrd.
gov.cn/ctnshow.php/aid/4381.

[77] 闪电新闻 . 城市工作提升新层次！日照召开创建国家生态园林城市动员会 [N/OL]. https：//
sdxw.iqilu.com/share/YS0yMS00NjU2NDYx.htm.

[78] 张浪 . 试论城市绿地系统有机进化论 [J]. 中国园林，2008（1）：87-90.

生态正义对城乡绿地布局的影响机制

城乡绿地是人类生存空间中保留或建设的自然区域。城乡绿地的空间布局形态反映了人类对待自然的态度。梳理城乡绿地布局的规划理念发现，人们所具有的价值观念是一切实践行为的出发点和落脚点，是人类与自然关系互动的隐性逻辑。从游乐价值观到生态价值观再到公平正义价值观，城乡绿地布局理念正发生着由只关注自然空间到关注人与自然关系的转变。在中国当前生态文明建设背景下，生态正义正是人类反思人与自然共生关系所产生的价值理念。面对这种转变，本研究拟解决生态正义价值观怎样影响城乡绿地布局这一科学问题。本章将从生态正义对城乡绿地布局的价值驱动力、影响逻辑、作用路径等方面探究生态正义对城乡绿地布局的影响机制，归纳总结出生态正义驱动下的城乡绿地布局原则，为后续城乡绿地发展模拟与预测的生态正义约束规则构建作好准备。

5.1 生态正义对城乡绿地布局的价值驱动力

如前文所述，人类的行为动机受价值观的支配，只有经过价值判断被认为是可取的，才能转换为动机，引导人们的行为。生态正义是以生态环境为中介的人与人之间权利和义务关系，包含代内正义和代际正义两个层面，具有公平性、补偿性和继承性。根据生态正义内涵，观察代内正义和代际正义两个层面的价值理念与城乡绿地布局的空间维度和时间维度上的联系，发现生态正义的公平性、补偿性和继承性三大特性正是驱动城乡绿地布局的核心动力。

5.1.1 公平性

生态正义源起于环境威胁的不平等分布，后拓展为生态资源的平等分配，公平性是生态正义最主要的价值理念。孙施文认为城市规划是一种资源配置方式，城市规划的核心价值应该是公正与公平，这是现代城市规划在市场经济体制中生存和发挥作用的前提条件[1]。城乡绿地布局作为以绿色资源为规划对象的专项规划的核心内容，更应以公平性价值观为引导，关注人类差异性主体对城乡绿地权利与义务的公平分配。

5.1.2　补偿性

罗尔斯在《正义论》中承认公众之间的差异性，在后期补充了"优先原则"，即正义要考虑最少受惠者的利益、弱势群体的利益，通过对最少受惠者和弱势群体的优先，来实现一定社会关系下的相对公平。因此，正义是包含分配资源、权益，分担义务、责任，补偿最少受惠者三方面内涵，具有补偿性。生态正义的补偿性反映了人类对自然伤害的矫正正义。在城乡绿地布局中，谁破坏了自然资源，谁就应该加以补偿；谁被剥夺了对自然资源的权利，也应该受到剥夺者的补偿。

5.1.3　继承性

生态正义站在历史的角度观察自然资源的分配问题，因此具有了代际正义的内涵。当代人对自然资源的保护或伤害，都会延续到后世代，给后代人带来或好或坏的影响，即生态正义具有继承性。在生态文明的建设背景下，代际正义驱动的城乡绿地布局就是要为后代人留下绿水青山，让后代人得到应得的生态系统服务，杜绝工业文明时期过度消费自然资源，无视后代需求与发展的非生态正义行为。

5.2　生态正义对城乡绿地布局的影响逻辑

站在城乡绿地系统规划视角，可将生态正义三大特性的影响逻辑演绎为平等分配城乡绿地资源、平等履行城乡绿化义务、合理分担城乡生态损害赔偿责任、正当保护与修复城乡自然生境四个方面。

5.2.1　平等分配城乡绿地资源

生态正义的最根本内涵是生态资源的分配正义。从城市范畴来讲，即平等分配城乡绿地资源。城乡绿地资源包括城市公园、滨水绿地、风景区、绿道等供居民休闲游憩、提升身心健康的公共服务资源，还包括山体公园、郊野公园、防护绿地、自然保留地、水源保护地等改善城市环境、缓解城市小气候的结构性生态服务资源。城市居民有权平等地享有城乡绿地生态系统的综合服务，但城乡绿地资源的空间分布差异是平等分配的基础性影响。这种绿地空间分布差异一方面是资源自然分布造成的，另一方面是城市发展建设过程中忽视绿地建设而导致的。城乡绿地资源的不均衡是难以消除的，但可以在后期城市建设中从可达性、供给结构、制度管理等角度进行弥补和改善。平等分配城乡绿地资源不是为了消除绿地资源的空间分布差异，而是在尊重城乡绿地资源差异的同时，探讨如何通过增加绿地的可达性和服务水平，或者通过促进人对绿地的使用，来让更多的人平等地享有更多的绿地。

由于公平性价值观的影响，对绿地的平等分配出现了多维度、多角度的理解，主要包括基于需求、偏好、市场三种维度。基于"供给—需求"视角的绿地资源平等分配是最为广泛的一种理解。其源于经济学的供需理论，默认人与人之间存在能力上、社会经济水平上的差别，在按需分配原则下，绿地供给与需求达到平衡即为公平，按照人的需求高低进行绿地资源的再分配。人群需求往往通过人口密度或经济水平来表征。以人口密度表征人群的需求是在无差别的人群需求假设下，人口密度高的单元对于城乡绿地需求大。以社会经济水平表征人群需求，其研究的假设是社会经济水平低的人群尤其是少数族裔、低收入人群和贫困人群，由于获取绿地的渠道、方式和权力有限，所以对城乡绿地的需求更大。在生态正义价值观里，倡导绿地资源配置在人人均等的基础上向社会弱势群体倾斜。第二种基于偏好的绿地资源平等分配强调基于人群的偏好进行针对该类人群的有效供给，可以减少资源的浪费，通过最精确的方式达到资源配置的最佳效果。但不同群体对于城乡绿地的偏好难以衡量和测度，还需大量社会行为学方面的基础研究加以支撑。第三种基于市场的绿地资源平等分配是来自于经济学视角，从市场配置资源效率出发，为绿地缴纳的税款多或者支付意愿强的群体，可获得更多的绿地。这种方式利用了市场对于资源配置效率的最大化，也是资源配置最简单的一种方式，在一定程度上可以达到有限理性的公平，但是容易造成"绝对公平"事实上的不公平[2]。

5.2.2 平等履行城乡绿化义务

生态资源的分配正义除了平等地享用城乡绿地资源，还应包括平等地履行城乡绿化义务。从法学理论的角度来说，权利与义务是具有一致性，在结构上是相互关联的，在数量上具有等值关系。平等履行城乡绿化义务主要包括个人和群体两方面。个人层面，应规范个人在绿化空间再生产过程中的行为，积极参加义务植树活动，积极在政府的公众参与活动中发声，认真监督城乡绿化建设，积极维护城乡绿化成果，开展私人空间绿化增加城乡绿量等。群体层面，在进行地块开发建设中，应严格按照地块绿地率要求进行绿化，开发的地块越多，建设的城乡绿地面积也应越大，本着"谁受益，谁负担"的原则履行城乡绿化义务。还有一些社会公益群体，组织个人进行社区绿化，履行城乡绿化义务；一些社会慈善群体，成立绿化基金，资助城乡绿化或荒山绿化。个人层面的城乡绿化义务属于基本公平范畴，在道德层面加以约束；而群体层面的城乡绿化义务则属于比例公平和不成比例公平，要由法律加以约束。

5.2.3　合理分担城乡生态损害赔偿责任

责任也是生态正义的重要内涵，属于分配正义范畴。责任有两层含义：一方面指分内应做的事，等同于义务；另一方面指没有做好分内的事情而应承担的过失。城市建设势必会对原有生态环境造成破坏，以"谁破坏，谁补偿"的原则，完成每块城市建设用地的附属绿地建设，属于建设单位分内应做的事情，是合理分担城乡生态损害赔偿责任的基本公平。一些工业用地、基础设施建设用地，其本身可用于绿化的面积不大，但对城乡生态环境的损害却是最大，因此，应遵循比例公平和不成比例公平原则，要求建设单位进行地块周边的防护绿地建设、生态涵养林建设等，这些均是有污染单位应分担的城乡生态损害赔偿责任。对于城乡生态损害赔偿责任的量化标准和法制保障将是研究重点。

5.2.4　正当保护与修复城乡自然生境

城市中因不宜建设而保留下来的水体、山体，城市外其他生物的栖息地和因生产活动或自然灾害等原因造成自然地形和植被受到破坏，并且废弃或不能使用的窑坑、宕口、露天开采用地、塌陷地等受损弃置地，均应被积极保护和修复。在代际正义价值观里，这些城市自然生境都会成为后代人继承的财富。在保护与修复城乡自然生境行动中，要用正当的手段、科学的方法、法治的态度加以实施，避免将绿化视为生态、将景观美化视为成功的生态修复等常见误区。

例如，大同古长城文化遗产廊道规划实践，深入研究了干旱半干旱区、农牧交错区的自然生态系统，围绕生态安全和功能优化，开展林地适宜性评价，划定乡土植物保护区[3]，科学保护与修复城市自然生境。中国从1956年设立第一个自然保护区开始，持续探索自然生态系统保护的制度体系。经过半个多世纪的努力，中国建立的各级各类自然保护地已超过1万个，在保护生物多样性、改善生态环境和维护生态安全方面发挥了重要作用。但在管理上，也存在边界不清、权责不明、交叉重叠、多头管理、保护与发展矛盾突出等问题。2021年10月12日，中国正式设立三江源、海南热带雨林、武夷山、大熊猫、东北虎豹等第一批国家公园，建立了以国家公园为主体的自然保护地体系。中国的国家公园体制以保持自然生态系统的完整性和原真性为目的，尊重自然规律、维持生物多样性，为子孙后代保护好生态安全屏障，留下珍贵多样的自然资产。

5.3 生态正义视角的城乡绿地再分类

5.3.1 分类方法论

分类是指把事物、事件或事实根据其本质属性或显著性特征划分成不同的种类，使不同类型的事物区分开来。人类通过对客观世界抽象思维的分类梳理，而得以实现对客观事物存在规律的认知与掌握。人类的这种分类认知活动是人类认识客观世界的一种研究活动[4]。我国宋代学者郑樵在《通志·校雠略》中对人类分类认知活动的科学研究性质进行了经典的论断："类例既分，学术自明"[5]。可见分类认知既是人类认识世界的实践活动，也是人类研究世界的基础。

分类标准是分类研究的核心要素。分类标准反映了研究者的分类目的，强调了事物的某一属性或特征[6]。常用的分类标准有实用分类、现象分类和本质分类三种。实用分类用于在科学研究中对物件和资料的检索和管理，选取可直观把握的外部标志或者反映事物之间的自然关系进行分类，以达到实用的目的。现象分类是以事物的外在表象和特征为标准进行的分类。实用分类和现象分类均是进行本质分类的辅助手段。本质分类的分类标准是事物的内在本质，可以更好地区别事物之间的本质差异。

一个科学的分类系统构建，首先应该遵循穷尽性原则，即所划分的子项外延之和必须与母项外延相对等；其次应遵循标准性原则，保证每个子项都必须按照相同的标准进行划分；第三应遵循清晰性原则，确保划分的每个子项的扩展名均清晰明了、内涵与外延均无交叉；第四应遵循层次性原则，可将内涵丰富的母项分为树状层次，每个层次再进行分类，但要确保相邻子项必须是上一层次母项的内涵。在自然科学的研究中，目标对象遵循上述原则进行分类，既可以解释对象的内涵外延，也可以为系统的研究提供基础[7]。

5.3.2 国内外城乡绿地分类概况

国外的城乡绿地多从以下几个角度进行分类：第一，从区域一体化格局入手，体现区域研究特征的分类，例如美国将城市森林、绿色通道、绿色基础设施、国家公园、绿道系统等反映在城乡绿地相关分类系统中。第二，从公共与私有的绿地性质进行分类，从而对使用人群加以限制，如德国的开放空间分类（表5-1）。第三，从人对自然的干预程度分类，例如英国学者比尔（BEER A.R.）提出城乡绿地由正规设计的开敞空间与其他现存的开敞空间[8]组成（表5-2）。第四，根据绿地的规模和服务内容进行分类，如美国和日本的公园绿地分类（表5-3、表5-4）。

德国城市开放空间分类 表 5-1

序号	类型	内容
1	私有性开放空间	私有地产、庭院、宅旁绿地、阳台、敞廊、房顶花园、租赁园地、桑拿园地、旅馆绿地和企业绿地
2	公共性开放空间	广场、城市公园、历史性公园、植物园、动物园、体育运动场、疗养院绿地、医院绿地、墓园、住区绿地、学校绿地、养老院绿地、城墙、沙滩游泳池、滑雪场、露天剧院、林荫道
3	儿童活动场地	幼儿园的、公园的、街道上的儿童游戏场所和活动设施
4	非正式的开放空间	无主的土地、废弃地、荒地、矸石山、农业休耕地
5	水面和滨水地带	城市水体、河流、湖泊、池塘、开放型游泳池、沙滩浴场
6	自然景观中的开放空间	自然公园、自然遗产、户外休憩性森林
7	道路网络	林荫道、散步道、自行车道
8	企业用地	企业内外的噪声和有害物质屏蔽用地

资料来源：参考文献[9]

英国比尔（BEER A.R.）研究的城市绿地分类 表 5-2

大类	中类	小类
正式设计的开敞空间	公园、花园与运动场地	公共的公园与花园；公共的运动场地；公共的娱乐场地；公共操场
	覆盖植被的城市铺装空间	庭院和平台、屋顶花园和阳台、树木成行的小路、海滨大道、城市广场、学校校园
	树林	装饰性的林地、用材与薪炭林、野生林地、半自然林地
	墓地场所	火葬场、墓地、教堂院落
其他仅存的开敞空间	私有开敞空间	教育机构专用绿地、居住区专用绿地、医疗专用绿地、私人运动场地、私人产业专用绿地、地方政府机构专用绿地、工业专用绿地、仓库专用绿地、商业专用绿地
	自有花园	私家花园、公有半公共花园、公有私家花园
	租用园地	租用园地、附有小的棚屋的租用园地、没有被利用的租用园地
	废弃的土地与堆场	被污染的土地、没有污染的土地、废物回收场地、废弃的工业用地、矿石提炼采空场地、森林中的空旷地
	农田与园艺场	耕地、牧场、果园、葡萄园、不毛地
	运输走廊边沿	运河沿岸、铁路沿线、道路沿线、步道边沿
	滨水沿岸	河流沿岸、湖泊沿岸
	水	静水、动水、用于蓄水的湖泊、湿地

资料来源：参考文献[9]

美国金斯顿—勒诺尔（KINSTON/LENOIR）公园与娱乐系统分类 表 5-3

序号	分类名称	面积或宽度	序号	分类名称	面积或宽度
1	自然公园	不定	4	社区公园	$12{\sim}20hm^2$
2	城市大型公园	$20{\sim}30hm^2$	5	非正规运动公园	不定
3	邻里公园	$2{\sim}4hm^2$	6	风筝公园	不定

续表

序号	分类名称	面积或宽度	序号	分类名称	面积或宽度
7	体育综合体	16~32hm²	22	橄榄球场	0.6hm²
8	划船道	不定	23	足球场	0.68~0.84hm²
9	汽车公园	不定	24	排球场	400m²
10	开敞游戏场	不定	25	科教森林	不定
11	野餐地	不定	26	自然资源区	不定
12	儿童游戏场	不定	27	野营地	不定
13	游泳池	0.4~0.8hm²	28	射箭场	2800m²
14	篮球场	800m²	29	跑步道	2hm²
15	3洞高尔夫球场	20~24hm²	30	自行车与多用途小径	宽3.6~3.5m
16	9洞高尔夫球场	20hm²	31	步行桥	宽3.6~3.5m
17	18洞高尔夫球场	44hm²	32	骑马小径	不定
18	高尔夫练习场	5.6hm²	33	锻炼小路	不定
19	网球场	800m²	34	绿道	不定
20	棒球场	1.2~1.6hm²	35	彩弹场	不定
21	垒球场	0.6~0.8hm²			

资料来源：参考文献[9]

日本城市公园分类   表5-4

序号	类型	内容
1	住区基干公园	近邻公园、儿童公园、儿童游园、废弃物公园、地区公园、乡村公园
2	城市基干公园	综合公园、运动公园、文化公园、民间艺术公园
3	特殊公园	动物园、植物园、风致公园、历史公园、交通公园、农业公园
4	区域公园	区域公园、1号国营公园、2号国营公园、娱乐公园
5	特殊形态公园	绿道、城市绿地、缓冲绿地、城市小公园、水旁公园、寄附公园（托管公园）、庭园

资料来源：参考文献[9]

中国的"绿地系统"概念是1949年后从苏联引进的，为便于绿地系统的规划，借鉴苏联经验，1960年开始对绿地进行分类，1961年在高等教育教材中出现。1963年，国家住建部门为方便管理城市绿地，由中华人民共和国建筑工程部颁布的《关于城市园林绿化工作的若干规定》成为中国第一个法规性的城市绿地分类依据[9]。2002年，原建设部颁布了行业标准《城市绿地分类标准》CJJ/T 85—2002，标志着中国城市绿地分类步入规范化轨道。该标准在统一全国的绿地分类和计算口径、规范城市绿地系统规划的编制和审批、提高城市绿地建设管理水平等方面发挥了重要作用。2017年，为适应新时代城乡绿地规划建设和管理需求的不断升级与变化，住房和城乡建设部对该标准进行了修订（表5-5）。

中国城市绿地分类发展概况　　　　　　　　　　　　表 5-5

时间（年）	文件 / 著作名称	绿地分类	备注
1960	《城市园林规划》	公共绿地（公园、林荫道、绿化广场等）、街区内绿地、各机关单位专用绿地、有防护作用的绿地、特种大片绿地（植物园、动物园、苗圃等）、规划区以外的绿地（环城绿带、森林公园等）	城市规划知识小丛书
1961	《城乡规划》	城市公共绿地、小区及街坊绿地、专用绿地和风景游览、修疗养区的绿地	高等学校教材
1963	《关于城市园林绿化工作的若干规定》	公共绿地（各种公园、动物园、植物园、街道绿地和广场绿地等）、专用绿地（住宅区、机关、学校、部队驻地、厂矿企业、医疗单位及其他事业单位的绿地）、园林绿化生产用地（苗圃、花圃等）、特殊用途绿地（各种防护林带、公墓等）、风景区绿地	中华人民共和国建筑工程部
1975	《城市建设统计指标计算方法（试行本）》	公园（全市性和区域性的大小公园、植物园、以园林为主的文化宫、展览馆、陵园等）、公用绿地（街道绿地、广场绿地、滨河绿地、防护林带、苗圃、花圃）、专用绿地（工厂区、居住区内和机关、学校、医院等单位内的绿地）、郊区绿地	国家基本建设委员会
1979	《关于加强城市园林绿化工作的意见》	公共绿地（公园、动物园、植物园、街道广场绿地、防护绿地等）、专用绿地（居住区、工矿企业、机关、学校、医疗卫生、部队驻地以及其他企事业单位的绿地）、园林绿化生产用地（苗圃、花圃、果园等）、风景区和森林公园	国家城市建设总局
1981	《城市园林绿地规划》	公共绿地、居住绿地、附属绿地、交通绿地、风景区绿地、生产防护绿地	高等学校试用教材
1982	《城市园林绿化管理暂行条例》	公共绿地（各种公园、动物园、植物园、陵园以及小游园、街道广场绿地）、专用绿地（工厂、机关、学校、医院、部队等单位和居住区内的绿地）、生产绿地（为城市园林绿化提供苗木、花卉、种子的苗圃、花圃、草圃等）、防护绿地（城市中用于隔离、卫生、安全等防护目的的林带和绿地）、城市郊区风景名胜区	城乡建设环境保护部
1990	《城市用地分类与规划建设用地指标》	公共绿地、生产防护绿地	GBJ 137—1990
1992	《城市绿化条例》	公共绿地、居住区绿地、单位附属绿地、防护绿地、生产绿地、风景林地	国务院
1993	《城市绿化规划建设指标的规定》	公共绿地、居住区绿地、单位附属绿地、防护绿地、生产绿地、风景林地	原建设部城建〔1993〕784 号文件
2002	《城市绿地分类标准》	公园绿地、生产绿地、防护绿地、附属绿地、其他绿地	CJJ/T 85—2002
2011	《城市用地分类与规划建设用地标准》	公园绿地、防护绿地、广场用地	GB 50137—2011
2017	《城市绿地分类标准》	公园绿地、防护绿地、广场用地、附属绿地、区域绿地	CJJ/T 85—2017

资料来源：参考文献[8, 9]

　　《城市绿地分类标准》2017 版（简称新标准）与 2002 版（简称旧标准）在相同的形式下，内容却有所变化。旧标准针对中国快速城市化阶段出现的问题，主要研究了城市建设用地范围内的绿地，以期改善城市生态环境，促进城市的可持续发展。新标准是在中国政府致力于打破城乡二元结构，提出城乡统筹一体化发展战略思想的背景下修订的，强调广义绿地的概念[10, 11]，增加了对区域绿地的研究与分类，因此新标准的"城市建设用地范围外的区域"是指市（县）域范畴。新、旧标准在绿地分类部分均为四款条文，肯定了绿地应按主要功能进行分类，采用大类、中类、小类三个层次。不同之处主要包括：分类代码的扩充、大类内容的调整、公园绿地的调整、防护绿地的调整、广场用地的增设、附属绿地的调整、区域绿地的细分、生产绿地的调整等内容。新时代背景下，新标准有突出城乡统筹思想、强调多规合一理念、落实以人为本原则、重视文化遗产保护、留出弹性控制空间等革新亮点[12]。

5.3.3　生态正义视角下的城乡绿地分类

国内外城乡绿地主要的分类依据是绿地的功能属性。西方对绿地的权属有所涉及，有多个国家存在公共绿地和私有绿地的分类。鲜有国家从人的生态价值观角度对绿地进行分类。根据研究需要，本书以生态正义的价值内涵为分类标准，与《城市绿地分类标准》2017版充分对接，将城乡绿地分为游憩型绿地、反哺型绿地、补偿型绿地和保育型绿地4类（表5-6）。

生态正义视角下的城乡绿地分类　　　　　　　　　　表5-6

大类	中类	分类依据	生态正义的影响逻辑
游憩型绿地	综合公园	代内正义的公平性	平等分配城乡绿地资源
	社区公园		
	专类公园		
	游园		
	广场用地		
	风景游憩绿地		
反哺型绿地	居住用地附属绿地	代内正义的公平性	平等履行城市绿化义务
	公共管理与公共服务设施用地附属绿地		
	商业服务业设施用地附属绿地		
	工业用地附属绿地		
	物流仓储用地附属绿地		
	道路与交通设施用地附属绿地		
	公用设施用地附属绿地		
补偿型绿地	防护绿地	代内正义的补偿性	合理分担城市生态损害赔偿责任
	区域设施防护绿地		
	生产绿地		
保育型绿地	生态保育绿地	代际正义的继承性	正当保护与修复城市自然生境

注：中类名称与《城市绿地分类标准》CJJ/T 85—2017的绿地中类保持一致

（1）游憩型绿地

游憩型绿地是以游憩为主要功能的绿地，包含现行绿地分类标准中公园绿地和广场用地，以及区域绿地中的风景游憩绿地。该类绿地具有良好的自然生态环境和一定的游憩设施和服务设施，方便市民开展游憩活动，是城市中重要的游憩资源。因此，该类绿地的名称即来自对绿地游憩资源的公平享用，体现了代内正义的公平性价值标准。游憩型绿地的规划布局应以平等分配城乡绿地资源为基本原则。

（2）反哺型绿地

反哺型绿地主要是指城市建设用地中的附属绿地。当城市进行开发建设时，往往会破坏开发地块原有植被，甚至是全面摧毁。因此，要求地块进行开发建设时必须符合一定的绿地率建设要求，恢复原地块的部分自然空间，或者称之为对建设地块的自然反哺。反哺型绿地以代内正义的公平性为价值标准，既是对城市建成环境的改善，也是对原自然环境的尊重。反哺型绿地的规划布局应以平等履行城市绿化义务为出发点和落脚点。

（3）补偿型绿地

补偿型绿地是指城市中的防护绿地和生产绿地。城市中各级公路、铁路、输变电设施、环卫设施、公用设施对城市的运行发挥着不可或缺的重要作用，但对自然环境却带来了重大破坏和污染。因此，要求在城市邻避设施周边建设防护绿地，以补偿对自然环境的破坏，缓解对城市环境的影响。补偿型绿地以代内正义的补偿性为价值标准，城市邻避设施周边的防护绿地建设属于对自然破坏的就地补偿，而城市建成区之外的生产绿地建设为城市绿化生产更多的植被，属于迁地补偿。补偿型绿地应在合理分担城市生态损害赔偿责任的原则下进行规划布局。

（4）保育型绿地

保育型绿地是为保障城乡生态安全、改善生态环境质量而进行保护、恢复和资源培育的绿地，主要包括国家公园、自然保护区、湿地保护区、水源保护区、水体防护林、公益林、生态修复地、生物物种栖息地等以生态保育功能为主的绿地；要求尽量减少人的干扰，为其他生物留出生存空间，为子孙后代留下自然资源，即满足代际正义的继承性价值需求。保育型绿地的规划布局应遵循正当保护与修复城市自然生境的生态正义逻辑。

5.4 生态正义对城乡绿地布局的作用路径

5.4.1 游憩型绿地的生态正义布局路径

5.4.1.1 游憩型绿地的空间分布

游憩型绿地在城市建成区内以点状和线状分布。较大面积的点状游憩型绿地可在十几甚至几十公顷以上，一般单独占据一个街区，或者紧邻大型公共服务设施或城市主要交通干线；较小面积的点状游憩型绿地从几公顷到几十平方米不等，有规律地分布于道路交叉口或分散于居住区中心和边角地。线状游憩型绿地依河流两岸分布较多，这或许和人与生俱来的亲水性有一定关系；其次分布在生活型道路的两侧、城市历史遗迹（如城墙、铁路）的两侧等。

游憩型绿地在行政区内以点状分布为主，以风景名胜区、郊野公园、森林公园、湿地公园等形式存在。这些绿地的分布因自然资源或历史文化资源的地理分布而存在，位置具有不可变动性，但面积、范围应根据资源保护和游人容量需求等进行深入研究与精细计算。

点状和线状游憩型绿地的空间分布存在的一个主要问题是缺乏联系性，致使人们的日常休闲只能依赖居住地周边的绿地。绿地多，人们享用自然的机会就多；绿地少甚至匮乏之处的人们根本享用不到绿地的休闲服务。通过线状绿地将城区内外的点状绿地联系起来，增加绿地间的连通性，在增大了绿地可达性的同时，也适当缓解了游憩型绿地分布不均带来的服务不公平的问题。

5.4.1.2 游憩型绿地的均好性布局

在代内正义的公平性价值内涵指导下，目前对城乡绿地公平性研究与实践主要体现在绿地空间的均等分配层面。王亚南认为方格网布局的城乡绿地系统是一种均质化的布局，可以实现城市居民均等使用城市游憩绿地的公平格局[13]。但方格网布局的绿地更多的是依赖于城市空间布局，对于自然地形复杂或历史发展悠久的城市而言，很难实现方格网式的绿地布局。通过人均公园绿地配量标准和人口密度的空间化，按人均需求进行游憩型绿地的空间布局，或许才是当前更为普适的均好性布局方法。

5.4.1.3 均好性布局的测度指标和方法

国土空间规划要求在体现生态优先、绿色发展的同时，体现以人民为中心的发展思想。游憩型绿地的均好性布局即是"以人民为中心"的具体体现，其测度指标主要包括人均配量标准和空间可达性两方面。

（1）游憩型绿地人均配量标准

人均公园绿地面积是我国最早使用的园林绿化统计指标，它反映着一个时期的经济水平、城市环境质量和文化生活水平。根据北京林业大学杨赉丽先生 1976 年的统计，人均公园绿地面积，美国、英国可达 $30m^2$/人，加拿大、瑞士、丹麦、德国、波兰等国家则在 $15m^2$/人左右，而人口密度较高的印度、泰国、日本等地则只有 $1\sim2m^2$/人[9]。从我国城市建设统计数据来看，1981 年人均公园绿地面积仅有 $1.5m^2$，1991 年才突破 $2m^2$/人，直至 2000 年后，我国这一指标才突飞猛进，至 2019 年，我国人均公园绿地面积达到 $14.36m^2$/人。反映出 21 世纪以来我国对城市园林绿化的高度重视与建设成果[14]。

根据住房和城乡建设部 2008 年对全国 660 个城市做的一项统计研究发现，人均公园绿地面积与人均建设用地面积呈正相关关系，而城市的地理位置对人均公园绿地没有明显的规律性影响。因此，人均公园绿地面积是考核城市发展规模与公园绿地建设是否配套的重要指标。住房和城乡建设部制定、国家统计局批准的《城市（县城）和村镇建设统计报表制度》（国统制〔2011〕112 号）中规定，城市年报里的"城市市政公用设施水平表"中必须统计填报"人均公园绿地面积（m²）"指标。《城市园林绿化评价标准》GB/T 50563—2010、《国家园林城市系列标准》（2016 年）等国家标准和行政规章均对人均公园绿地面积指标作出了要求（表5-7、表5-8）。

《城市园林绿化评价标准》GB/T 50563—2010 中城市人均公园绿地面积指标　　表 5-7

单位：m²/人

城市规模	I 级	II 级	III 级	IV 级
人均建设用地 < 80m² 的城市	≥ 9.5	≥ 7.5	≥ 6.5	≥ 6.5
人均建设用地 80~100m² 的城市	≥ 10.0	≥ 8.0	≥ 7.0	≥ 7.0
人均建设用地 > 100m² 的城市	≥ 11.0	≥ 9.0	≥ 7.5	≥ 7.5

表格来源：《城市园林绿化评价标准》GB/T 50563—2010

《国家园林城市系列标准》（2016）中城市人均公园绿地面积指标　　表 5-8

单位：m²/人

城市规模	国家生态园林城市	国家园林城市	国家园林县城	国家园林城镇
人均建设用地 < 105m² 的城市	≥ 10.0	≥ 8.0	≥ 9.0	≥ 9.0
人均建设用地 ≥ 105m² 的城市	≥ 12.0	≥ 9.0		

表格来源：《国家园林城市系列标准》（2016）

城市人均公园绿地面积主要反映的是城市建成区内的游憩型绿地的配量标准。而建成区以外的风景游憩绿地对城市居民的休闲生活也发挥着重要作用。国家试图通过类似的人均配量标准加以衡量。2019 年发布实施的《城市绿地规划标准》GB/T 51346—2019 中提出了市域人均风景游憩绿地面积的指标，其计算方法为市域风景游憩绿地总面积与市域人口的比值，其中市域人口是指市域范围内的人口总量，而非仅包括中心城区人口。由于各城市市域的风景游憩资源规模不同，很难界定一个人均风景游憩绿地面积标准，只能是城市自身纵向的比较。

（2）游憩型绿地的可达性测度

人均配量标准只是一个总量的控制，不能反映绿地的空间分布。而造成绿地享用不公平的更主要矛盾，就是游憩型绿地资源空间分布得不均好。因此，"鼓励更高的空间可达性"是国际研究的重要议题之一[15]。可达性反映市民进入绿地的便捷程度，以市民距离居住地最近的游憩型绿地的距离来衡量。可达性可以将社会因子与绿色生态因子联系起来，反映市民需求，提高市民获得感与幸福感[16]。

对绿地可达性的测度最成熟、最常用的方法是缓冲区法。缓冲区描述的是一个地理单元与最近城乡绿地的距离，不考虑绿地的大小、设施、质量等属性，一般用距离来表达[17-19]。这种距离可以是简单的直线距离、出行距离，或者换算成出行时间。

对于什么样的距离是科学的，还没有普遍被接受的阈值范围。自然英国组织（Natural England）于 2010 年制定了《英国自然绿地可达性标准》（*Accessible Natural Green Space Standard for England*），规定绿地规模至少 2hm²，从住址到绿地不超过直线距离 300m（5 分钟步行距离）；在距离住址 2000m 的范围内，至少有 1 个可达的 20hm² 绿地；在住址 5000m 范围内，至少有 1 个可达的 100hm² 绿地；在住址 10000m 范围内，至少有 1 个可达的 500hm² 绿地；每 1000 人至少有大于 1hm² 的法定自然保护区。欧盟的非正式标准不局限于关注绿地空间而是将范围扩大到城市开放空间中，但具备同样的规范特征：在住址 300m 范围内，至少有一个面积大于 0.5hm² 的公共开放空间。美国环境保护署规定了 500m 步行范围内居住人口的人均绿地面积，居住街区等级的 500m 步行范围内的人口比例。德国柏林要求市民从居住地出行 500m 即可达不小于 0.5hm² 的绿地[20]。在澳大利亚布里斯班等"汽车城市"，车行距离被认为是比步行距离更重要的可达性指标[21]。在我国，《北京城市总体规划（2016—2035）》中，城市建成区内以 500m 步行可达绿地进行绿地空间的总体布局；《上海市城市总体规划（2017—2035）》中，以市民 5 分钟步行可达 400m² 以上的绿地或广场等公共开放空间为标准进行绿地空间布局；《香港 2030+：跨越 2030 年的规划远景与战略》以市民出行 400m 可达公园、3000m 可达郊野公园进行城乡绿地布局。

在我国实践中，应用最广泛的是使用地理信息系统（GIS）中的缓冲区命令，计算公园绿地服务半径覆盖率，来反映公园绿地的可达性和均好性。城市公园绿地服务半径覆盖率以城市公园绿地服务半径覆盖的居住用地面积与城市居住用地总面积的比值来表示。其中，公园绿地包含城市建成区内的综合公园、社区公园、专类公园和游园等游憩型绿地。考虑绿地服务容量和人的舒适步行距离，对设市城市，5000m²（含）以上的公园绿地按照 500m 服务半径划定缓冲区，2000（含）~5000m² 的公园绿地划定 300m 服务半径缓冲区；历史文化街区采用 1000m²（含）以上的公园绿地划定 300m 服务半径缓冲区；对县城，2000m²（含）以下的公园绿地按照 300m 服务半径划定缓冲区；2000m² 以上公园绿地按 500m 服务半径划定缓冲区。

城市公园绿地服务半径覆盖率指标最早出现在《国家园林城市评价标准》（2010）中，后被纳入《城市园林绿化评价标准》GB/T 50563—2010，2016 年《国家园林城市系列标准》将该指标列为国家园林城市、国家生态园林城市考核的一票否决项，现已成为国内普遍使用的考察城市游憩型绿地均好性布局的测度指标。

公园绿地服务半径以公园各边界起算，不考虑公园入口位置，服务半径距离均为直线距离，这些忽略现实空间阻力的做法使学者认为公园绿地服务半径覆盖率所反映的均好性的准确度较低。因此，有学者还提出了成本距离法[22-24]、引力模型法[25-27]、感知距离法[28]等来测度游憩型绿地的可达性。

5.4.2 反哺型绿地的生态正义布局路径

5.4.2.1 反哺型绿地的空间分布

反哺型绿地是在城市建设用地上进行的人工绿化，是人类对自然的反哺。反哺型绿地在单独地块来看是呈散点状或沿地块边缘分布，但由于城市建设用地是连续成片的，其上的反哺型绿地相互联系起来，成为一张大孔隙的绿网。这就是城乡绿地点线面布局中的面型绿地。

城市 R 类、M 类、A 类用地绿地分布取样分析表　　　表 5-9

用地类型	绿地分布图	主要分布形式
R 类居住用地		线状面状
M 类工业用地		线状
A 类公共管理与公共服务用地		面状线状

5.4.2.2 反哺型绿地的布局原则

（1）底线控制原则

反哺型绿地的规划建设采用绿地率指标进行量化控制。绿地率指标是各类城市用地建设绿地规模的最低标准，通过法律层面强制实施。通过绿地率指标的控制，引导城市各类用地内的绿地建设，以确保达到城乡绿地总量的要求。为最大程度改善城市环境质量，提倡垂直绿化和屋顶绿化等绿化辅助方式，以达到在不占用土地面积的情况下增加城市绿量、反哺自然的目的。

（2）生态功能优先原则

反哺型绿地是城市中量大面广的一类绿地，约占城市总体绿地建设的一半以上，且它均匀分布于各类城市建设用地内，是城市对自然的反哺，也是自然对城市的渗透。只有足够数量的绿地存在，才能发挥改善城市空气质量、净化水土、防灾减灾等生态系统服务功能。因此，反哺型绿地的布局应首先考虑生态功能。例如，在工业园区内，各地块宜在厂区周边连片或呈带状布局反哺型绿地，以缓解工业生产对环境的污染；在居住区内，各地块宜采取人车分流的形式，尽量多地将地面空间加以绿化，用更多的绿量改善居住环境、助益居民身心健康。

（3）兼顾以人为本原则

城市建设用地中有很大比例的生活空间。长期生活在灰色的钢筋混凝土世界不利于人类的身心健康，分布在城市生活空间中的反哺型绿地是改善和协调人类身心健康的重要元素。反哺型绿地渗透在各类生活用地上，存在于人们身边，是人们日常生活接触最多的绿地。因此，在城市生活空间中的反哺型绿地布局，应兼顾以人为本原则，充分发挥绿地的文化服务功能。正因为部分反哺型绿地具有文化服务功能，有学者探讨将部分单位（如学校、行政管理单位、文化服务单位等）的附属绿地向公众开放，以补充游憩型绿地分布不均或数量不足的问题[29]，是代内正义的有益尝试。

5.4.2.3 反哺型绿地的量化标准

《城市用地分类与规划建设用地标准》GB 50137—2011 将城市建设用地分为了八大类，除第八类绿地与广场用地属于游憩型绿地外，其他七类用地中建设的绿地均属于反哺型绿地，其具体量化标准将作如下讨论。

（1）居住用地

居住用地指城市中住宅和相应服务设施的用地。根据设施配备和环境差异，又分为一类、二类和三类居住用地。居住区内绿地包括公共绿地、宅旁绿地、道路绿地和配套公建所属绿地，其中包括满足当地植树绿化覆土要求、方便居民出入的地下或半地下建筑的屋顶绿地。《城市居住区规划设计规范》GB 50180—93 最早提出居住用地的绿地率要求，新区建设不应低于30%，旧区改建不宜低于25%。2002年以来，该绿地率指标一直是居住用地建设的审批和验收的刚性标准。经过二十多年的实践，2018年住房和城乡建设部结合生活圈的概念，重新修订了《城市居住区规划设计标准》GB 50180—2018，根据气候区差异和建筑密度，细化了居住用地绿地率的要求（表5-10）。居住街坊是实际住宅建设开发项目中最常见的开发规模，一般2~4hm²，与地块的绿地建设密切相关。底层和多层为主的居住街坊的绿地率在25%~30%之间，气候区越向南，底层住宅建筑密度越高，致使绿地率相应降低。

居住街坊绿地率最小值控制指标（%）　　　　　表5-10

住宅建筑平均层数类别	Ⅰ、Ⅶ建筑气候区	Ⅱ、Ⅵ建筑气候区	Ⅲ、Ⅳ、Ⅴ建筑气候区
低层（1~3层）	30	28	25
多层Ⅰ类（4~6层）	30	30	30
多层Ⅱ类（7~9层）	30	30	30
高层Ⅰ类（10~18层）	35	35	35
高层Ⅱ类（19~26层）	35	35	35

资料来源：根据《城市居住区规划设计标准》GB 50180—2018表4.0.2改绘

在城市旧区改建等情况下，建筑高度受到控制，但建筑密度可适当提高，因此绿地率可酌情降低2%~5%（表5-11），同时鼓励利用公共建筑的屋顶绿化改善居住环境。

低层或多层高密度居住街坊绿地率最小值控制指标（%）　　表5-11

住宅建筑平均层数类别	Ⅰ、Ⅶ建筑气候区	Ⅱ、Ⅵ建筑气候区	Ⅲ、Ⅳ、Ⅴ建筑气候区
低层（1~3层）	25	23	20
多层Ⅰ类（4~6层）	28	28	25

资料来源：根据《城市居住区规划设计标准》GB 50180—2018表4.0.3改绘

居住用地上的反哺型绿地，除反哺自然、改善生态环境外，还有为居民提供休闲服务的功能，因此居住街坊内要求有一定数量的集中绿地。《城市居住区规划设计标准》GB 50180—2018要求居住街坊内人均集中绿地面积不应低于0.5m²/人，旧区改建街坊不应低于0.35m²/人。集中绿地应设置供老年人和幼儿等弱势群体在家门口日常户外活动的场地，此类绿地宽度不应小于8m，且在标准的建筑日照阴影线范围之外的绿地面积应大于等于33%。这些集中绿地建设要求充分反映出反哺型绿地兼顾以人为本的原则。

（2）公共管理与公共服务设施用地

公共管理与公共服务设施用地是指政府控制以保障基础民生需求的服务设施用地，一般包括行政办公用地、文化设施用地、教育科研用地、体育用地、医疗卫生用地、社会福利用地、文物古迹用地、外事用地、宗教用地等。《城市绿化规划建设指标的规定》（建城〔1993〕784号）中仅对"学校、医院、休疗养院所、机关团体、公共文化设施、部队等单位的绿地率不低于35%"做出要求。但由于公共管理与公共服务设施用地的公益性，且由政府监管建设，因此，该类建设用地的绿地率达到35%及以上是具有一定保证的。

（3）商业服务业设施用地

商业服务业设施用地是指通过市场配置的服务设施用地，主要包括商业及餐饮、旅馆等服务业用地，金融保险、艺术传媒、技术服务等综合性办公用地，娱乐、康体等设施用地，零售加油、加气、电信、邮政等公用设施营业网点用地，业余学校、民营培训机构、私人诊所、殡葬、宠物医院、汽车维修站等其他服务设施用地。《城市绿化规划建设指标的规定》（建城〔1993〕784号）中规定，商业中心绿地率不低于20%。目前执行过程中，因为商业设施必须保证一定的通行铺装面积和停车空间，使较高的绿地率较难实现。从各地绿化条例的管理来看，涉及商业服务业设施用地绿地率一般控制在20%~25%。

（4）工业用地

工业用地是指工矿企业的生产车间、库房及其附属设施用地。按照工业对居住和公共环境的干扰污染程度的加深，可将工业用地分为一类、二类、三类工业企业。由于工业用地对城市环境存在不同程度的干扰、污染和安全隐患，因此，工业用地内应在散发有害气体和粉尘、产生高噪声的生产车间与装置及堆场周边，根据全年盛行风向和污染特征设置防护林；在危险品的生产、储存和装卸设施周边设置绿化缓冲带。

《城市绿化规划建设指标的规定》（建城〔1993〕784号）中要求，工业企业绿地率不低于20%，产生有害气体及污染的工厂中绿地率不低于30%，并设立宽度不少于50m的防护林带。《工业项目建设用地控制指标》（国土资发〔2008〕24号）从集约高效利用城市土地的要求出发，规定工业企业内部绿地率不得超过20%。因此，在两部门规章出现矛盾的情况下，取矛盾中的共同指标20%为工业用地绿地率的基本控制指标。产生有害气体及污染的工业用地可根据生产运输流程、安全防护和卫生隔离要求适当提高绿地率。

由于工业用地是对城市环境造成危害的最大污染源，仅靠建设反哺型绿地根本不能弥补它对自然环境的破坏，因此，工业企业还需承担更多的补偿型绿地的建设责任。

（5）物流仓储用地

物流仓储用地是用来进行物资储备、中转、配送的用地，包括附属道路、停车场以及货运公司车队的站场等用地。物流仓储用地对周边环境的干扰主要有交通运输量、安全、粉尘、有害气体、辐射、恶臭等。根据对居住和公共环境的干扰程度和安全隐患大小，可将物流仓储用地分为一类、二类、三类。其中，三类物流仓储用地包括易燃、易爆和剧毒等危险品的专用物流仓储用地。由于物流仓储用地对环境的危害性，其建设用地上的绿地主要发挥隔离和缓冲作用，绿地率指标要求可参考工业用地，控制在 20% 左右。同时，三类物流仓储用地业主需要承担周边补偿型绿地的建设责任。

（6）道路与交通设施用地

道路与交通设施用地包括城市道路用地、城市轨道交通用地、交通枢纽用地、交通场站用地和其他交通设施用地。其中，城市道路用地是城市中量大面广的线形用地，是城市规划中的重要研究内容。城市道路担负了重要的交通功能，但交通同时也带来了空气、噪声等污染，因此，需要道路附属绿地对其环境危害加以反哺。道路附属绿地与城市道路走向一致，呈线形分布，主要用于渠化道路，保证交通安全，同时缓解交通环境污染，另外，还具有展现城市景观风貌的作用。

按《城市绿化规划建设指标的规定》（建城〔1993〕784 号）要求，主干道绿地率不低于 20%，次干道绿地率不低于 15%。《城市道路绿化规划与设计规范》CJJ 75—97 规定：园林景观路绿地率不得小于 40%，红线宽度大于 50m 的道路绿地率不得小于 30%，红线宽度在 40~50m 的道路绿地率不得小于 25%，红线宽度小于 40m 的道路绿地率不得小于 20%。《城市综合交通体系规划标准》GB/T 51328—2018 要求红线宽度大于 45m 的道路绿化覆盖率为 20%，红线宽度 30~45m 的道路绿化覆盖率为 15%，红线宽度 15~30m 的道路绿化覆盖率为 10%，红线宽度小于 15m 的道路绿化覆盖率酌情设置。根据学者研究，道路的绿地率与绿化覆盖率存在较大的数值差异，也是造成城乡绿地率与绿化覆盖率数值差异的主要原因之一[30]。从《城市综合交通体系规划标准》GB/T 51328—2018 对道路绿化覆盖率要求的数值来看，应是绿化占地比例，即绿地率的要求。由于交通部门更强调道路的交通通行能力，希望用最少的绿化用地达到最大的生态环境效益，因此降低了道路绿地率要求。但交通部门修建道路造成的自然环境损害不是道路附属绿地能够弥补的，需要在道路外围建设补偿型绿地以分担其生态损害赔偿责任。

（7）公用设施用地

公用设施用地是指城市供应、环境、安全等设施用地。其中，供应设施包括供水设施、供电设施、供燃气设施、供热设施、通信设施、广播电视设施；环境设施包括排水设施和环卫设施；安全设施包括消防设施和防洪设施等。公用设施的建设对城市环境也会带来一定的危害，比如电磁辐射、气味污染、爆炸隐患等，宜参考工业用地和物流仓储用地要求配置绿地，反哺自然。公用设施用地的绿地率一般不低于 20%。

5.4.3 补偿型绿地的生态正义布局路径

罗尔斯的差异原则促进了社会公平，补偿原则更加注重社会正义。由于不同个体的获得能力存在差异，即使获得绿地服务的机会平等也可能会导致获得绿地服务事实上的不公平。因此，生态正义强调在城乡绿地资源分配中对弱势群体的补偿和对强势群体的约束。社会有义务对弱势群体给予分配倾斜，通过绿地资源的空间布局、数量保障、质量提升和可达性上的补偿，增强弱势群体获得绿地服务的能力[31]。而对于从自然中获得比别人更多的受益，或对自然造成损害的强势群体，同理应该承担同比例的生态资源消费或损害赔偿责任，给予自然更多的补偿。

5.4.3.1 补偿型绿地的空间分布

城市建设中对自然环境有污染或损害的场所多分布在工业仓储用地、城市公用服务设施用地和交通性道路用地上。生活在这些用地周边的居民成为获得城市美好环境的弱势群体，而建设和使用这些场所的单位或个人造成了利益相关者的权益侵害行为，是损害自然资源的强势群体。根据生态正义的合理分担城市生态损害赔偿责任的原则，应由这些场所单位或个人建设更多比例的绿地，承担起更多生态损害赔偿责任，以预防、缓解或减弱其对自然环境的损害与污染，弥补环境弱势群体的环境损失。因此，城市中补偿型绿地多分布在工业用地周边、城市公用服务设施周边、交通性道路两侧，呈环形或带形。这种在污染源周边建设的绿地属于就地补偿型绿地。对无补偿空间的污染源建设，需要量化污染赔偿责任，在城市近郊或环境弱势群体内部进行迁地补偿型绿地建设。

5.4.3.2 就地补偿功能布局

城市中的防护绿地发挥着就地补偿型绿地的功能。根据补偿型绿地的防护功能，可以将就地补偿型绿地分为卫生防护绿地、公用设施防护绿地、交通防护绿地。应根据防护对象、气候条件和影响范围等因素，明确各绿地的位置、规模及范围。

（1）卫生防护绿地

城市工业用地上的工矿企业散发出煤烟粉尘、金属碎屑，排放出有毒有害气体等，是城市的主要污染源。科学实验证明，植物的枝叶能起到过滤作用，甚至部分植物能够吸收有毒气体，减少大气污染。因此，在生产、储存、经营危险品的工厂、仓库和市场，产生烟、雾、粉尘及有害气体等工业企业周围均应布置卫生防护绿地。卫生防护绿地的布局结构可以平行营造 1~4 条主要防护林带，并适当布置垂直的副林带，相应的林带间隔和宽度见表 5-12。根据《城市绿化规划建设指标的规定》（建城〔1993〕784 号），产生有害气体及污染的单位，其绿地率不应低于 30%，并应建设宽度不少于 50m 的防护林带。

卫生防护林带的布置　　　　　　　　　表 5-12

工业企业等级	防护林带宽度（m）	防护林带数目（条）	林带宽度（m）	林带间隔（m）
I	1000	3~4	20~50	200~400
II	500	2~3	10~30	150~300
III	300	1~2	10~30	100~150
IV	100	1~2	10~20	50
V	50	1	10~20	

资料来源：参考文献[9]

林带的总宽度应根据工矿企业对空气造成的污染程度以及范围来确定。例如，在山东泰山钢铁集团废弃厂区的改造设计中（彩图 22），通过环保计算充分考虑保留钢铁厂污染排放点的影响范围，确定防护林林带宽度；通过防护林结构设计，吸滞污染物。具体的防护林结构可分为引风林、扩散林和除尘林三部分。引风林带使用枝叶密集的紧密结构，由常绿乔木、落叶乔木和灌木共同组成，使中等力的气流遇到林带时基本不能通过，大部分气流、污染物扩散到后方的除尘林带。扩散林带使用透风结构，与除尘林带垂直布置，扩散除尘林带侧面的气流。除尘林带使用半透风结构，在林带两侧种植灌木，使林带的枝、叶、干的密度为 60%，留有 40% 的空隙使污染物在其中被吸附、净化。

（2）公用设施防护绿地

城市中的粪便处理厂、垃圾处理厂、净水厂、污水处理厂和殡葬设施等市政公用设施呈点状分布，其周围应设置环形防护绿地，结合相关专业规划规范，其防护绿地宽度见表 5-13。

高压线走廊、石油管道、天然气管道等是线形公用设施，平行其线形两侧的一定范围内应设置防护绿地。根据《城市电力规划规范》GB 50293—2014 要求，市区内单杆单回水平排列或单杆多回垂直排列的 35~1000kV 高压架空电力线路，宜根据所在城市的地理位置、气象、水文、地形、地貌、地质及用地条件，按表 5-14 的规定确定走廊宽度。由于高压走廊下的限建性要求，通常在高压走廊下建设防护绿地，要注重防护性安全设计，如喷灌系统的安排、游人活动的限制、树木高度的控制等

（表5-15）。城市高压防护绿地除了防护性、安全性外，还应注重景观性的打造，在安全的基础上应用丰富的植物配置和多样的艺术手段创造优美景观，以缓解人们对高压走廊的恐惧。

公用设施防护绿地规划宽度一览表　　　　表5-13

序号	防护对象（设施或用地类型）		规划宽度规定（m）
1	水厂		≥10
2	输配水泵站		≥10
3	排水泵站		≥30
4	污水处理厂		≥50
5	粪便污水前端处理设施		≥10
6	生活垃圾转运站（t/d）	＞450	≥15
		150~450	≥8
		50~150	≥5
		＜50	≥3
7	垃圾码头综合用地		≥5
8	生活垃圾卫生填埋场用地、垃圾处理厂、生活垃圾焚烧厂、生活垃圾堆肥厂、粪便处理厂		≥100
9	新建建筑垃圾转运调配场用地（t/d）	＞2000	≥20
		500~2000	≥15
		＜500	≥10
10	变电站（室外）（kV）	500	≥30
		220	≥20
		110	≥15

资料来源：根据参考文献[9]整理

市区35~1000kV高压架空电力线路规划走廊宽度　　　　表5-14

线路电压等级（kV）	高压线走廊宽度（m）	线路电压等级（kV）	高压线走廊宽度（m）
直流±800	80~90	330	35~45
直流±500	55~70	220	30~40
1000（750）	90~110	66、110	15~25
500	60~75	35	15~20

资料来源：《城市电力规划规范》GB 50293—2014

架空电力线路导线与街道行道树之间最小垂直距离　　　　表5-15

线路电压（kV）	＜1	1~10	35~110	220	330	500	750	1000
最小垂直距离（m）	1.0	1.5	3.0	3.5	4.5	7.0	8.5	16

注：考虑树木自然生长高度。

资料来源：《城市电力规划规范》GB 50293—2014

（3）交通防护绿地

在城市交通线路两侧设置防护绿地，有利于降低交通线路对城市造成的噪声、粉尘污染，以保证城市活动与交通活动的独立性和安全性。交通防护绿地包括高速公路防护绿地、城市公路干道防护绿地、铁路防护绿地和城市道路防护绿地。

高速公路防护绿地多采用行列排列的纯林种植，利用植物的空间建造功能界定出明确的交通绿色廊道空间，保障交通的安全性，并降低交通对自然环境的干扰性。城市公路干道防护绿地则以较为自然的形式种植防护绿地，每2~3km变换一种树种，或留出适宜的透景线，避免司机的视觉和心理疲劳。公路防护绿地应尽可能与农田防护林、卫生防护林、护渠防护林等结合，做到一林多用，实现遮阴、观景、防风沙等多种功能于一体。《城市对外交通规划规范》GB 50925—2013根据城镇建成区外公路红线宽度，详细规定了公路两侧隔离绿带的规划控制宽度（表5-16）。

城镇建成区外公路红线宽度和两侧隔离带规划控制宽度（m） 表5-16

公路等级	高速公路	一级公路	二级公路	三级公路	四级公路
公路红线宽度	40~60	30~50	20~40	10~24	8~10
公路两侧隔离带控制宽度	20~50	10~30	10~20	5~10	2~5

资料来源：《城市对外交通规划规范》GB 50925—2013

铁路防护绿地的布局与公路类似。依据铁路的分类分级，《城市对外交通规划规范》GB 50925—2013均作出了详细的防护绿地宽度要求：城镇建成区外高速铁路两侧隔离带规划控制宽度应从外侧轨道中心线向外不小于50m；普通铁路干线两侧隔离带规划控制宽度应从外侧轨道中心线向外不小于20m；其他线路两侧隔离带规划控制宽度应从外侧轨道中心线向外不小于15m。铁路防护绿地一般采用内灌外乔的种植形式，乔木应设置在距铁路外轨10m以外，灌木应离开外轨不小于6m。

城镇建成区内的道路防护绿地是城乡绿地系统的基本骨架，对吹进市区的风沙进一步阻挡、消纳，与郊区防护林形成整体防护林体系。道路防护绿地应充分考虑道路两侧用地情况，其宽度应结合城市规模、道路级别等级等进行建设，一般在5~30m之间。城市快速路防护绿地为道路红线外20m，城市主干道为道路红线外10m，城市次干道为道路红线外5m。道路防护绿地可结合红线内路侧绿带连续设置。

5.4.3.3 迁地补偿量化标准

受城市建成区内用地规模的限制，无法进行就地补偿绿地建设时，考虑进行绿地的迁地补偿。迁地补偿绿地的空间分布，以城市防风林、防火林、水土涵养林、城市组团隔离绿地等为主要形式，以改善城市环境、发挥绿地生态效益为主要目标。迁地补偿绿地的量化标准，国内外还没有达成统一意见。通过文献研究，可以通过碳汇计量法和生态系统服务价值评估法等量化方法，对由于城市建设造成的生态用地损失进行价值评估，并由建设者迁地建设等价值的生态绿地加以补偿。

（1）碳汇计量法

固碳效应是植物重要的生态服务功能之一。生态系统的能量流动几乎都是从绿色植物的光合作用开始的。植物的叶绿素吸收空气中的二氧化碳，同时释放出氧气。这一功能对于整个生物界和全球大气碳氧平衡有着极为重要的意义。

20世纪80年代以来，人类逐渐认识并日益重视气候变化问题。为应对气候变化，1992年通过了《联合国气候变化框架公约》，要求发达国家应采取措施控制温室气体的排放，并向发展中国家支付补偿金以履行公约义务，全面控制大气中二氧化碳、甲烷等造成"温室效应"的气体的排放。1997年《联合国气候变化框架公约》第3次缔约方会议通过的《京都议定书》明确了第二承诺期量化减限排指标，目标是将大气中的温室气体含量稳定在一个适当的水平，防止气候产生剧烈变化，造成对人类的伤害。2015年《联合国气候变化框架公约》第21次缔约方大会签署了《巴黎协定》，确定了2020年后应对气候变化的国际机制，标志着全球应对气候变化进入新阶段[32]。为实现《巴黎协定》的国家自主贡献承诺，中国提出了2030年前碳达峰、2060年前碳中和的国家战略。"碳达峰"是指二氧化碳排放总量在某一个时间点达到历史峰值，之后碳排放总量会逐渐稳步回落；而"碳中和"则是指在一定时间内人类直接或间接产生的二氧化碳排放总量，通过二氧化碳去除手段实现抵消，达到"净零排放"。碳中和除了人为二氧化碳排放源与清除汇之间的平衡外，自然生态系统中植物的碳汇功能也发挥着重要补充作用。

联合国政府间气候变化专门委员会（Intergovernmental Panel on Climate Change，IPCC）发布的《IPCC2006年国家温室气体清单指南2019修订版》中，在第4卷新增两种生物量碳储量变化的核算方法，即异速生长方程法和生物量密度图法[33]。中国林业科学研究院编制的《造林项目碳汇与检测计量指南》中，介绍了异速生长方程法和生物量扩展因子法两种原有散生木的碳储量的计算方法。由此可见，异速生长方程法是用于碳汇计量的主要官方推荐方法。

异速生长方程法是对单木、不同植被类型或林分的林木蓄积、生物量和碳储量的定量评估，反映的是生物质某些变量之间的定量关系。异速生长方程法适用于树干明显、占整体长度较多的大型及中型植被的碳储量测算，需要测量的数据较少，但计算量较大，测算精度较低[34]。

（2）生态系统服务价值评估法

生态系统服务是指生态系统在运行中为人类提供的各项服务效能。城乡绿地是城市生态系统的重要组成部分，为城市居民的生产生活提供着生态服务。因此，对生态系统服务的量化评估也可以成为绿地迁地补偿的量化标准。1997年科斯坦扎（COSTANZA R.）等通过当量因子法量化评价了生态系统服务价值，得到学术界的广泛认可与应用[35]。此后，谢高地根据中国生态系统特点和社会经济发展状况对当量因子法进行了本土化改进。

谢高地首先采用千年生态系统评估（MA）的分类方法，将生态系统服务分为供给服务、调节服务、支持服务和文化服务4大类，并进一步细分为11中类；然后对中国的农田、森林、草地、湿地、荒漠、水体6类生态系统的单位面积生态系统服务价值当量进行了调查；设定1hm^{2}全国平均产量的农田每年自然粮食产量的经济价值为1个标准单位生态系统生态服务价值当量因子，结合专家知识可以确定其他生态系统服务的当量因子。谢高地依据《中国统计年鉴2011》《全国农产品成本收益资料汇编2011》等资料，计算了2010年中国1个标准当量因子的生态系统服务价值量为3406.5元/hm^2，进而得出单位面积生态系统服务功能价值的基础当量表（表5-17），并以2010年陆地生态系统为例，系统评价了中国当年生态系统服务功能价值的时空格局[36-38]。当量因子法目前已经实现了在空间上分省份、在时间上逐月份的时空动态评价，但更多是应用于宏观的区域尺度生态系统服务价值评估，对中小尺度空间的生态系统服务价值的核算精度还有待进一步提升。

单位面积生态系统服务价值当量　　　　　　　　　　表5-17

生态系统分类		供给服务			调节服务				支持服务			文化服务
一级分类	二级分类	食物生产	原料牛产	水资源供给	气体调节	气候调节	净化环境	水文调节	土壤保持	维持养分循环	生物多样性	美学景观
农田	早地	0.85	0.40	0.02	0.67	0.36	0.10	0.27	1.03	0.12	0.13	0.06
	水田	1.36	0.09	-2.63	1.11	0.57	0.17	2.72	0.01	0.19	0.21	0.09
森林	针叶	0.22	0.52	0.27	1.70	5.07	1.49	3.34	2.06	0.16	1.88	0.82
	针阔混交	0.31	0.71	0.37	2.35	7.03	1.99	3.51	2.86	0.22	2.60	1.14
	阔叶	0.29	0.66	0.34	2.17	6.50	1.93	4.74	2.65	0.20	2.41	1.06
	灌木	0.19	0.43	0.22	1.41	4.23	1.28	3.35	1.72	0.13	1.57	0.69
草地	草原	0.10	0.14	0.08	0.51	1.34	0.44	0.98	0.62	0.05	0.56	0.25
	灌草丛	0.38	0.56	0.31	1.97	5.21	1.72	3.82	2.40	0.18	2.18	0.96
	草甸	0.22	0.33	0.18	1.14	3.02	1.00	2.21	1.39	0.11	1.27	0.56
湿地	湿地	0.51	0.50	2.59	1.90	3.60	3.60	24.23	2.31	0.18	7.87	4.73
荒漠	荒漠	0.01	0.03	0.02	0.11	0.10	0.31	0.21	0.13	0.01	0.12	0.05
	裸地	0.00	0.00	0.00	0.02	0.00	0.10	0.03	0.02	0.00	0.02	0.01
水域	水系	0.80	0.23	8.29	0.77	2.29	5.55	102.24	0.93	0.07	2.55	1.89
	冰川积雪	0.00	0.00	2.16	0.18	0.54	0.16	7.13	0.00	0.00	0.01	0.09

资料来源：参考文献[36]

5.4.4 保育型绿地的生态正义布局路径

5.4.4.1 保育型绿地的空间分布

保育型绿地常以大面积点状形式分布于城乡区域内，主要包括饮用水地表水源一、二级保护区和地下水源一级保护区，国家和地方公益林，各级自然保护区，国家公园，水土流失严重和生态脆弱地区，地质灾害重点预防区和重点治理区，坡度 25° 以上的陡坡地，重要湿地，城市生态安全格局结构性绿地，重要生物种群的栖息地、迁徙廊道和踏脚石等。

因生产活动或自然灾害等原因造成自然地形和植被受到破坏、被废弃或不能使用的露天开采用地、窑坑、宕口、塌陷地等城市受损弃置地也是保育型绿地包含的重要部分。对城市受损弃置地更主要体现在"育"中，用多种生态修复手段，培育、抚育、孕育更多的城市绿色空间。

5.4.4.2 保育型绿地的空间界定原则

物种是自然生态系统原真性、完整性的最显性指标。2021 年 6 月，西双版纳自然保护区内 15 头野亚洲象北迁的事件引起世界的关注。2020 年 3 月，这群野象没有任何征兆地踏上征途，它们穿越密林、经过村镇，跨越河流，一路向北。历时一年半，遥遥一千多公里，最终历史性地抵达昆明地界。人类为诱导象群向南折返，沿线投喂了 180t 食物。为确保安全，大象所到之处，一切人类活动都要让路，农民不能下地，工厂要停工停产。人类组织出一道万无一失的防线，力求人和象都不出事。而这让北京师范大学生态学教授张立回忆起 1999 年去云南思茅调研大象时，发生了 5 头亚洲象结群在思茅大搞破坏，老百姓拉起电围栏，直接电死 1 头象的事情。人类对两次事件的不同处置方式，反映出人类已认识到保护野生动物的重要性，人类学会了尊重自然、尊重地球上的其他生物。就物种保护问题，科学界已达成共识，即任何物种的保护应以物种栖息地保护为核心。

保育型绿地的规模应根据不同物种的生活习性、被保护或修复场地的空间特征单独论证，在此只能较为宏观地总结归纳保育型绿地的空间界定原则。

（1）空间的完整性

15 头出走亚洲象生活的西双版纳自然保护区由地域上互不相连的勐养、勐仑、勐腊、尚勇、曼稿 5 个子保护区组成，在这 5 个子保护区中间，村庄星罗棋布，高速公路、水电站、电网设施穿梭其间，在客观上造成了人象混居的事实。大象面对的是一个破碎的家园，而当地老百姓的生活叠加在这破碎之上，人和象被动卷入一场对彼此来说都算不上舒适的生存战争，也意味着很多时候冲突甚至是悲剧的不可避免，很难在老百姓的生计需要和濒危物种的保护之间找到一个平衡点。因此，中国建立了以国家公园为代表的自然保护地体系，对重要自然生态系统进行原真性、完整性保护。就自然保护地碎片化问题，东北虎豹国家公园从空间上将多个自然保护地类型联系成为一个完整的区域，促进野生动植物栖息地斑块间的融合；在管理上，依托国家林业和草原局相关森林资源监督专员办挂牌成立了国家公园管理局，实现了跨省区的统一管理，对区域内的山水林田湖草沙冰实行统一管理、整体保护和系统修复，这是中国为保障国家公园空间的完整性而做出的制度改革。保障生态空间的完整性，是保护生态系统的基本前提，也是生态修复中建立生态自组织功能系统的基础。

（2）植被的原生性

西双版纳国家级自然保护区经过 30 多年的保护与涵养，森林覆盖率由 20 世纪 80 年代的 88% 上升到现在 95% 以上。在人类的标准里，这是进步和胜利，但在现实情况下，由于森林郁闭度过高，林下乔木和草本植物无法生长，反而让大象和很多野生动物失去了驻足的地方。对于亚洲象来说，在人类划定的保护区内部，森林越长越密，但阳光照不到它们赖以栖息的林下地带。在已经被人类占据分割的外部，是橡胶、茶园、高速公路、水电站、城镇、乡村、农田，是热火朝天的人类生活。亚洲象离开的是一块内外交困的无依之地。根据《世界自然保护联盟》（IUCN）的评级，亚洲象的级别是濒危（EN），这意味着如果不加强保护，在不远的将来，亚洲象很有可能野外灭绝。因此，对保育型绿地的保护，应以植被的原生性、空间的原真性为原则，不应加入人为的干预。善意的人为干预也可能造成有违生态系统发展规律的破坏。

（3）方法的科学性

保育型绿地空间范围边界的划定首先应开展分析研究，一般运用景观生态学中斑块—廊道—基质等生态网络构建理论，以及生态安全格局分析等大尺度生态规划研究的相关技术手段，作为前置性研究基础。采用地理信息技术等手段，系统认知和分析当地的自然地理特征和生态本底条件、识别生态格局发展演化的趋势和面临的主要风险，以确定需要分析的生态因子及其生态过程，根据完整性和原真性原则确定保育型绿地边界。

（4）边界的协调性

国土空间规划背景下，国家的每一寸土地将都有唯一的归属，区域绿地边界不清、权责模糊的问题将得到有效解决。因此，生态保育绿地的边界划定应尊重主体功能区规划、国土空间规划等上位规划的空间定位；协调土地利用规划、环境保护规划、生态保护红线、永久基本农田保护红线、城镇开发边界等专业规划，实现多规合一，无缝对接，共绘一张蓝图。

5.5 生态正义对城乡绿地布局的影响机制

生态正义对城乡绿地布局影响机制的基本要素包括价值体系要素、物质载体要素和外部影响因素。公平性、补偿性、继承性构成生态正义价值体系要素；游憩型绿地、反哺型绿地、补偿型绿地、保育型绿地构成城乡绿地的物质载体要素；城市的自然和人文要素构成城乡绿地布局的外部影响因素。生态正义对城乡绿地布局的影响机制以生态正义价值体系要素为主导，以城乡绿地布局外部影响因素为辅助，共同作用于城乡绿地物质载体要素。

生态正义对城乡绿地布局的内部作用机制为：从代内正义和代际正义两个层面演绎出的公平性、补偿性和继承性价值理念是影响城乡绿地布局的核心驱动力。结合与城乡绿地布局的空间维度和时间维度上的联系，进而推演出生态正义影响城乡绿地布局的基本逻辑，即平等分配城乡绿地资源、平等履行城乡绿化义务、合理分担城乡生态损害赔偿责任、正当保护与修复城乡自然生境。在外部影响因素的共同作用下，进一步从定性和定量两个方面明确生态正义对城乡绿地布局的作用路径（图 5-1）。

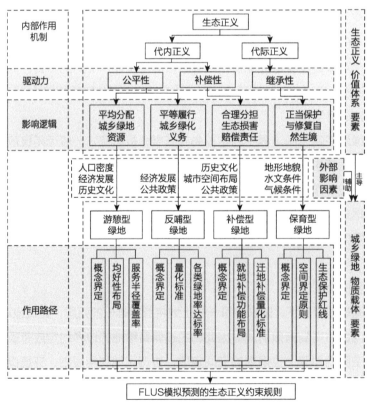

图 5-1 生态正义对城乡绿地布局的影响机制

基于代内正义的公平性价值理念，演绎出平等分配城乡绿地资源和平等履行城乡绿化义务的影响逻辑。结合城乡绿化建设实际，重点考虑人口密度、经济发展和历史文化等影响因素，提出游憩型绿地和反哺型绿地的概念。其中，游憩型绿地以城市公园绿地为主、郊野风景游憩绿地为辅，提出基本的人均配量标准和均好性布局原则，以城市公园绿地服务半径覆盖率指标来测度。反哺型绿地以城市附属绿地为空间载体，提出各类城市建设用地对原始土地植被的保留与重建的量化标准和指标体系，以城市各类用地的绿地率达标率来测度。

基于代内正义的补偿性价值理念，演绎出合理分担城乡生态损害赔偿责任的影响逻辑。受到历史文化、城市空间布局的影响，需要一定的公共政策来保障生态损害赔偿责任的履行。因此，提出补偿型绿地的概念，主要指城市中人工种植的各类防护绿地，通过就地补偿和迁地补偿加以实现，用防护绿地实施率指标进行测度。

基于代际正义的继承性价值理念，演绎出正当保护与修复城乡自然生境的影响逻辑。结合地形地貌、水文条件、气候条件等自然影响因素，提出保育型绿地的概念，根据市域范围保育型绿地的空间分布提出生态红线空间界定原则。

最终，通过各测度指标的空间表达，构建生态正义约束规则，进行城乡绿地发展模拟与预测，对比不同情景下的城乡绿地发展规模与空间分布，检验生态正义对城乡绿地布局影响机制的科学性和可操作性。

5.6 生态正义驱动下的城乡绿地布局原则

基于以上生态正义的价值驱动力、影响逻辑、作用路径和影响机制的研究，本书在理论层面总结归纳出生态正义驱动下的城乡绿地布局原则，即以普惠公平为前提、以开放系统为目标，空间上全覆盖、时间上可持续，指导各种不同实际的城乡绿地系统规划。

5.6.1 以普惠公平为前提

美国学者费恩斯坦认为，绝对平等的目标在市场经济制度下是不现实的，公平并非绝对平等，只要对待方式适当，满足不同人的需求即可[39]。正是人们存在着差异，才使公平拒绝了均等化。差异的正义不是不要公平，而是需要多层的公平设计，包括基本公平、比例公平和不成比例公平[40]。基本公平即普惠公平，是供给均等化服务，不考虑人群和地区差异，以满足人类对城乡绿地的基本需求为目标；比例公平是尊重使用者获益能力的个体差异，使多劳多得、能者多得；不成比例公平指将绿地资源向弱势群体倾斜，保障弱势群体利益，并不保证能者多得。基本公平多由政府供给，比例公平和不成比例公平则由政府干预和市场规则来共同实现。城乡绿地布局反映的是政府分配绿地资源的意志，因此应以基本公平（普惠公平）为前提，适当兼顾比例公平和不成比例公平。

5.6.2 以开放系统为目标

城市自身就是一个自然—经济—社会复合的复杂系统，由多种系统共同作用才能保障城市的正常运行。城乡绿地的布局应打造一个开放的绿地系统，顾全绿地系统的层次性和网络性特点，可以从以下三方面实践操作：首先，在资源环境承载能力和国土空间开发适宜性"双评价"下，处理好本层次规划与上下层次规划的关系，科学划定生态保护红线；其次，根据城市社会、经济发展目标，处理好本系统与相邻专项系统的关系，使城乡绿地与城市其他要素和谐存在；最后，处理好本系统内部各子系统的关系，形成具有游憩、生态、景观、教育等多功能的绿色网络渗透系统。

5.6.3 空间上全覆盖

自 2002 年《城市绿地系统规划编制纲要（试行）》执行以来，我国城乡绿地规划更多是关注城市建成区内的绿地布局，区域尺度的自然、生态、历史文化资源的保护与利用往往被一笔带过。2019 年 5 月，中共中央、国务院印发了《关于建立国土空间规划体系并监督实施的若干意见》，使城市建成区外的绿地受到了空前重视。"国土空间"是一个国家所能控制的最大范围，包括建设用地和非建设用地。从国土空间范围看问题，才能抛弃地方和部门利益的局限，使规划更具权威性，成为协调发展的依据。"空间规划"是政府部门对所辖国土空间资源的数量和布局进行的长远谋划和统筹安排，实现对国土空间有效管控及科学治理，促进发展与保护的平衡。国土空间规划背景下，城乡绿地的规划对象，也应该强调行政区域的空间全覆盖，以全域空间加全类型绿地为对象，科学布局、分类管控，体现战略性，加强协调性，突出生态正义价值观。

5.6.4 时间上可持续

城乡绿地的布局与建设具有时间发展属性，是一个长期的、可持续的过程。正如代际正义的内涵，当代人没有义务清偿前代人留下的"自然债"，当代人必须留给后代人一个适宜人类居住的地球。因此，必须分步骤、分阶段地对自然资源进行规划与建设、保护与修复，本着当代能做好的当代做，当代做不好的留给后代做的原则，为后代留下可持续发展的生态环境。

5.7　本章小结

　　本章通过概念演绎法、分类归纳法、定性与定量分析法等，对城乡绿地进行基于生态正义观的定性分类，耦合生态正义价值体系与城乡绿地布局外部影响因子，从价值驱动力、影响逻辑、作用路径等方面辨明生态正义对城乡绿地布局的影响机制。

　　根据生态正义内涵，观察代内正义和代际正义两个层面的价值理念与城乡绿地布局的空间维度和时间维度上的联系，发现生态正义的公平性、补偿性和继承性三大特性正是影响城乡绿地布局的核心动力。基于代内正义的公平性价值理念，演绎出平等分配城乡绿地资源和平等履行城乡绿化义务的内涵；基于代内正义的补偿性价值理念，演绎出合理分担城乡生态损害赔偿责任内涵；基于代际正义的继承性价值理念，演绎出正当保护与修复城乡自然生境的内涵。四方面内涵共同构建起生态正义的价值体系要素，也是生态正义影响城乡绿地布局的基本逻辑。

　　根据生态正义的价值内涵，对城乡绿地进行重分类，提出游憩型绿地、反哺型绿地、补偿型绿地、保育型绿地的概念，构成城乡绿地物质载体要素。结合第4章研究结论，人口密度、经济发展、公共政策、历史文化、城市空间布局、地形地貌、水文条件、气候条件等构成城乡绿地布局的外部影响因素。以生态正义价值体系要素为主导、城乡绿地布局外部影响因素为辅助，共同作用于城乡绿地物质载体要素，并系统梳理了各要素的作用路径，从定性和定量两方面解析了生态正义对城乡绿地布局的影响机制。

　　最终提出生态正义驱动下的城乡绿地布局原则，即以普惠公平为前提、以开放系统为目标，空间上全覆盖、时间上可持续。

参考文献

[1]　孙施文. 城市规划不能承受之重—城市规划的价值观之辨 [J]. 城市规划学刊，2006（1）：11-17.

[2]　李咏华. 健康导向下的城市绿地公平性研究 [M]. 杭州：浙江大学出版社，2020.

[3]　张兵，赵星烁，胡若函. 国家空间治理与风景园林——国土空间规划开展之际的点滴思考 [J]. 中国园林，2021，37（2）：6-11.

[4]　孙悦民. 分类思想与科学研究的逻辑关系演进及升华 [J]. 科技管理研究，2015，35（1）：242-246.

[5]　郑樵. 通志·校雠略 [M]. 杭州：浙江古籍出版社，2000.

[6]　林康义，唐永强. 比较·分类·类比 [M]. 辽宁：辽宁人民出版社，1987.

[7]　黄东流，张旭，刘娅 . 多维信息分类方法研究——以政府科技管理决策信息为例 [J]. 情报杂志，2013，32（5）：158-165.

[8]　刘颂，刘滨谊，温泉平 . 城市绿地系统规划 [M]. 北京：中国建筑工业出版社，2011.

[9]　杨赉丽 . 城市园林绿地规划 [M]. 北京：中国林业出版社，2019.

[10]　徐波，郭竹梅，贾俊 .《城市绿地分类标准》修订中的基本思考 [J]. 中国园林，2017，33（6）：64-66.

[11]　王炜玮 . 多规融合视角下城市绿地分类优化研究 [J]. 建材与装饰，2018（8）：53-54.

[12]　王洁宁，王浩 . 新版《城市绿地分类标准》探析 [J]. 中国园林，2019，35（4）：92-95.

[13]　王亚南 . 基于可达性分析的城市绿地系统布局优化研究 [D]. 北京：北京林业大学，2011：74.

[14]　住房和城乡建设部 . 2019 年城市建设统计年鉴 [EB/OL]. https：//view.officeapps.live.com/op/view.aspx?src=https%3A%2F%2Fwww.mohurd.gov.cn%2Ffile%2Fold%2F2020%2F20201231%2Fw02020123122485271423125000.xls&wdOrigin=BROWSELINK.

[15]　MACBRIDE S S, GONG Y, ANTELL J. Exploring the Interconnections between Gender, Health and Nature[J]. Public Health, 2016（141）: 279-286.

[16]　KABISCH N, STROHBACH M, HAASE D et al. Urban Green Space Availability in European Cities[J]. Ecological Indicators, 2016, 70: 586-596.

[17]　LINDSEY G, MARAJ M, KUAN S. Access, Equity, and Urban Greenways: An Exploratory Investigation[J]. The Professional Geographer, 2001, 53（3）: 332-346.

[18]　WOLCH J R, WILSON J P, FEHRENBACH J. Parks and Park Funding in Los Angeles: An Equity-Mapping Analysis[J]. Urban Geography, 2005, 26（1）: 4-35.

[19]　TALEN E. The Social Equity of Urban Service Distribution: An Exploration of Park Access in Pueblo, Colorado, and Macon, Georgia[J]. Urban Geography, 1997, 18（6）: 521-541.

[20]　TAN P. Y, SAMSUDIN R. Effects of Spatial Scale on Assessment of Spatial Equity of Urban Park Provision[J]. Landscape and Urban Planning, 2017, 158: 139-154.

[21]　WANG D, BROWN G, ZHONG G et al. Factors Influencing Perceived Access to Urban Parks: A Comparative Study of Brisbane（Australia）and Zhongshan（China）[J]. Habitat International, 2015, 50: 335-346.

[22]　江海燕，周春山，高军波 . 西方城市公共服务空间分布的公平性研究进展 [J]. 城市规划，

2011, 35（7）: 72-77.

[23] JOBE R. T, WHITE P. S. A New Cost-distance Model for Human Accessibility and An Evaluation of Accessibility Bias in Permanent Vegetation Plots in Great Smoky Mountains Mational Park, USA[J]. Journal of Vegetation Science, 2009, 20（6）: 1099-1109.

[24] 俞孔坚，段铁武，李迪华等. 景观可达性作为衡量城市绿地系统功能指标的评价方法与案例[J]. 城市规划, 1999（8）: 7-10.

[25] WU J, HE Q, CHEN Y et al. Dismantling the Fence for Social Justice? Evidence Based on the Inequity of Urban Green Space Accessibility in the Central Urban Area of Beijing[J]. Environment and Planning B: Urban Analytics and City Science, 2018: 626-644.

[26] LA ROSA D, TAKATORI C, SHIMIZU H et al. A Planning Franework to Evaluate Demands and Preferences by Different Social Groups for Accessibility to Urban Greenspaces[J]. Sustainable Cities and Society, 2018, 36: 346-362.

[27] DAI D J. Racial/Ethnic and Socioeconomic Disparities in Urban Green Space Accessibility: Where to Intervene?[J]. Landscape and Urban Planning, 2011, 102（4）: 234-244.

[28] HAMSTEAD Z A, FISHER D, ILIEVA R T et al. Geolocated Social Media as a Rapid Indicator of Park Visitation and Equitable Park Access[J]. Computers, Environment and Urban Systems, 2018, 72: 38-50.

[29] 金云峰，张新然. 基于公共性视角的城市附属绿地景观设计策略[J]. 中国城市林业, 2017, 15（5）: 12-15.

[30] WANG J N, YIN P Z, LI D J et al. Quantitative Relationship between Urban Green Canopy Area and Urban Greening Land Area[J]. Journal of Urban Planning and Development, 2021, 147（2）.

[31] 叶林，邢忠，颜文涛等. 趋近正义的城市绿色空间规划途径探讨[J]. 城市规划学刊, 2018（3）: 57-64.

[32] 外交部.《联合国气候变化框架公约》进程[EB/OL]. https://www.mfa.gov.cn/web/ziliao_674904/tytj_674911/tyfg_674913/201410/t20141016_7949732.shtml.

[33] 联合国政府间气候变化专门委员会. IPCC 清单指南[EB/OL]. https://www.ipcc-nggip.iges.or.jp/public/2019rf/index.html.

[34] 郭少博，倪诗怡. 园林碳汇计量方法的比较研究[J]. 经济师, 2013（2）: 60-61.

[35] COSTANZA R, ARGE R, DE GROOT R, et al. The Value of the World. Ecosystem Services and Natural Capital[J]. Nature, 1997（387）: 253-260.

[36]   谢高地，甄霖，鲁春霞等 . 一个基于专家知识的生态系统服务价值化方法 [J]. 自然资源学报，2008（5）: 911-919.

[37]   谢高地，张彩霞，张雷明等 . 基于单位面积价值当量因子的生态系统服务价值化方法改进[J]. 自然资源学报，2015，30（8）: 1243-1254.

[38]   谢高地，张彩霞，张昌顺等 . 中国生态系统服务的价值 [J]. 资源科学，2015，37（9）: 1740-1746.

[39]   费恩斯坦 . 正义城市 [M]. 武烜，译 . 北京：社会科学文献出版社，2016.

[40]   任平 . 论差异性社会的正义逻辑 [J]. 江海学刊，2011（2）: 24-31.

6

城乡绿地布局的模拟预测模型

地理模拟系统是综合地理信息科学、遥感、计算为一体的复杂空间模拟系统，能够在计算机技术支持下，对复杂系统进行模拟、预测、优化和显示，是探索和分析地理现象形成演变过程的有效工具，对解决 GIS 过程分析能力较弱的问题具有显著的作用。城乡绿地规划的许多空间决策问题，通常涉及大量的、多源的空间数据和各种法规，对这些信息的处理需要相应的规划模型和分析方法，更需要规划者掌握丰富的经验和专家知识。地理模拟系统引入了计算机领域中的许多先进算法，能够在大量空间数据中自动挖掘城乡绿地空间演变的过程信息和发展规律。在地理模拟系统中嵌入政府规划行为或发展目标，能够模拟展示不同价值目标引导下的城乡绿地发展。通过多方案比选，为政府的科学决策提供数据支持。

6.1 城乡绿地布局的模拟预测模型比较

元胞自动机（CA）是目前多种地理模拟模型的基础技术。CA 是一种时间、空间、状态都离散，空间的相互作用及时间的因果关系皆局部的网格动力学模型[1]。CA 诞生于数学、物理学、计算机科学、生物学和系统科学等多学科的交叉和边缘领域，是复杂系统的重要研究方法之一。CA 用最简单的局部规则模拟出全局的模式，与传统精确的数学模型相比，能更准确完整地模拟复杂的自然现象[2]，并模拟出复杂系统中的不可预测行为。由于其高度的灵活扩展性，CA 日益受到国际学术界的重视，应用领域遍及物理学、化学、计算机、生物学、军事学、社会学、医学、地理学等[1]，是复杂性科学研究中一个活跃的前沿领域。

由于城市系统的复杂，城市 CA 模型结构的定义和模型参数的确定是城市模拟的瓶颈，基于此，目前对城市模型校正的研究非常有限。目前较为成熟的城市 CA 模拟软件是中国科学院地理科学与资源研究所周成虎院士团队的研究成果——城市动态演化模拟的 GeoCA-Urban 模型和华东师范大学黎夏教授主持的国家自然科学基金重点项目（41531176）和国家重点研发计划重点专项项目（2017YFA0604402）的研究成果——地理模拟与优化系统（GeoSOS）。两类模拟系统的主要区别是 CA 转换规则的制定逻辑与方法。下面对比介绍几种常用的 CA 模型。

6.1.1 标准元胞自动机模型（CA 模型）

CA 模型是由元胞状态（S）、邻域（N）及转换方式（f）变量构成的组合，其原理可以用下式表示：

$$S_{t+1}=f(S_t, N)$$

式中 t 和 $t+1$ 表示不同时刻的元胞状态。

（1）元胞和元胞空间

元胞（Cell）是模型基本单元，也是格网划分最小单位。元胞的属性即它的状态（State）是一个有限的、离散的集合。

目前，研究多在二维的元胞空间下进行。常用的二维元胞空间主要有正三角形、正四边形、正六边形元胞网格。正三角形元胞空间领域元胞数目少计算简单，但表达显示不便；正四边形元胞空间较为直观，适合表达显示，邻域元胞数目容易控制且计算较简单，但模拟各向同性现象不宜表达；正六边形元胞空间表达自然真实，但表达显示不便。综上，大多数研究选取更适合计算机显示表达、邻域元胞数目控制容易、计算较简单且直观的正四边形元胞空间形态。

（2）邻域

元胞邻域（N）是以目标元胞为中心，根据划分规则划分而成的局部元胞空间。邻域空间影响因素越多则模型复杂度越高，精度也越高。

元胞的状态与中心元胞的状态、邻域形状、邻域元胞数量及状态相关。二维 CA 模型中以矩形邻域作为对连续空间的近似表达，根据相邻空间的不同扩展，可分为冯·诺依曼邻域、摩尔邻域、扩展摩尔邻域和间隔扩展邻域四种 [1]（图 6-1）。

（3）状态

状态可以是 {0，1} 的二进制形式，或是 {s_0, s_1, s_2, s_3, …s_i, …s_k, } 整数形式的离散集。元胞的邻域结构决定元胞的转换状态。

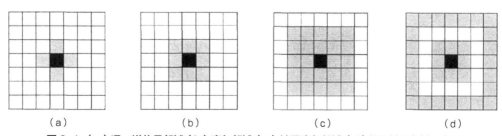

（a）　　　　　　　（b）　　　　　　　（c）　　　　　　　（d）

图6-1 （a）冯·诺依曼邻域（b）摩尔邻域（c）扩展摩尔邻域（d）间隔扩展邻域示意图

（图片来源：参考文献[1]）

（4）转换规则

转换规则确定下一时刻的元胞状态，反映模拟过程中各变量的关系，是 CA 模型的核心[3]。

元胞的转换规则主要包含邻域影响及约束条件、场景转换规则、随机变量和状态映射函数四个部分，多采用线性方法。规则制定方法主要采用多准则判定（Multi-Criteria，MCE）模型、神经网络（ANN）模型、逻辑回归（Logistics）模型、多目标智能判定模型等。

在对比几种常用城市 CA 模型的适用特点（表 6-1）后，本书对 GeoSOS 系统中的基于人工神经网络方法的 CA（ANN-CA）和未来土地利用变化情景模拟模型（Future Land Use Simulation，FLUS）两种地理元胞自动机模型进行了研究，最终选择具有更高模拟精度的 FLUS 模型开展本次城乡绿地布局发展模拟预测研究。

基于多种转换规则的城市 CA 模型对比表　　　　　　表 6-1

模型名称	模型特点	对城乡绿地布局模拟预测的适用程度
基于决策树方法的CA（DT-CA）	适用于非城市用地—城市用地单类土地利用类型转换	*
基于逻辑回归方法的CA（Logistic-CA）	适用于非城市用地—城市用地单类土地利用类型转换	*
基于人工神经网络方法的CA（ANN-CA）	适用于多类土地利用类型转换；需要三期数据准备；从土地利用数据与包含人为活动与自然效应的多种影响因子中获取各类用地类型在研究范围内的适宜性转换概率	***
未来土地利用变化情景模拟模型（FLUS）	适用于多类土地利用类型转换；仅需二期数据准备；采用从一期土地利用分布数据中采样的方式，能较好地避免误差传递的发生；基于轮盘赌选择的自适应惯性竞争机制能有效处理多种土地利用类型在自然作用与人类活动共同影响下发生相互转化时的不确定性与复杂性	*****

注：* 的数量越多，适用程度越高。

6.1.2　基于人工神经网络方法的 CA 模型（ANN-CA 模型）

人工神经网络（Artificial Neural Networks，ANN）由一系列神经元组织而成，模仿动物神经网络行为特征进行信息处理，包含输入层、隐藏层和输出层（图 6-2）。

输入层神经元个数（n）对应决定城乡绿地变化概率空间变量的数量。研究表明 3 层神经网络，隐藏层的神经元数量至少为 2n/3 个。输出层将有 n/2 个神经元输出转变

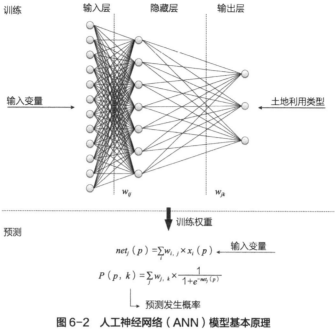

图6-2 人工神经网络（ANN）模型基本原理
（图片来源：参考文献[4]）

为多种土地利用类型的概率。

隐藏层中神经元 j 由网格单元 p 在时间 t 输入，神经元 j 所接收信号采用下式估计：

$$net_j(p) = \sum_i w_{i,j} \times x_i(p)$$

式中 $x_i(p)$ 是时间 t 时与网格单元 p 上的输入神经元 j 相关联的第 i 个变量；$net_j(p)$ 是隐藏层神经元 j 接收到信号；$w_{i,j}$ 是输入层、隐藏层之间的自适应校准权重。

隐藏层和输出层之间的连接激活函数 sigmoid 如下式：

$$\text{sigmoid}(net_j(p)) = \frac{1}{1+e^{-net_j(p)}}$$

输出层中的每个神经元对应一种土地利用类型，每个神经元（i）生成值表示对应土地利用类型的发生概率。$P(p, k)$ 表示训练时间 t 网格单元 p 上土地利用类型 k 的发生概率，并采用以下等式进行估计：

$$P(p, k) = \sum_j w_{j,k} \times \text{sigmoid}(net_j(p)) = \sum_j w_{j,k} \times \frac{1}{1+e^{-net_j(p,t)}}$$

$w_{j,k}$ 是隐藏层和输出层之间的自适应权重，训练校准采用，校准后构建 ANN 模型，对特定网格单元中每种土地利用类型的发生概率进行估算。

通过结合神经网络、CA 和 GIS 进行土地利用的动态模拟，同时利用多时相遥感分类图像进行神经网络训练，能够准确确定模型参数及模型结构。ANN-CA 模型按照训练和模拟预测两个阶段工作。

（1）ANN-CA 训练阶段，通过抽样数据获得网络权重值。输入影响土地利用变化因子、邻域窗口土地利用类型统计值、当前土地利用类型，输出各种土地利用类型概率。

（2）ANN-CA 模拟预测阶段通过 ANN 得到所有用地类型概率值。预测过程中模拟终止条件为城乡绿地增长数量。

6.1.3　未来土地利用变化情景模拟模型（FLUS 模型）

FLUS 模型是在 GeoSOS 基础上开发的多类土地利用变化模拟软件，利用人工神经网络模型算法（ANN）对土地利用、影响因子数据运算后，估算区域内土地利用类型发展概率，然后结合发展概率与领域因子、自适应惯性系数、转换成本，得到元胞的总体转换概率，经过轮盘竞争机制得到模拟结果 [5]，是进行地理空间模拟、空间优化、辅助决策制定的有效工具。

FLUS 模型的表达公式 [4] 如下：

$$TP^t_{p, k} = P_{p, k} \times \Omega^t_{p, k} \times Inertia^t_k \times (1 - sc_{c \to k})$$

式中 $TP^t_{p, k}$ 表示迭代时间 t 时网格单元 p 从原始土地利用类型转换到目标类型 k 组合概率；$P_{p, k}$ 表示网格单元 p 中土地利用类型 k 发生概率；$\Omega^t_{p, k}$ 表示在迭代时间 t 土地利用类型 k 对网格单元 p 的邻域效应；$Inertia^t_k$ 表示在迭代时间 t 土地利用类型 k 的惯性系数；$sc_{c \to k}$ 表示从原始土地利用类型 c 到目标类型 k 的转换成本。

与传统自元胞自动机（CA）相比，FLUS 模型在元胞自动机的基础上作了较大的改进。首先，FLUS 纳入整合了神经网络算法（ANN），从前期土地利用数据与多种驱动力因子（自然效应，人类活动等）获取各类用地类型的适宜性概率。其次，FLUS 模型采用从前期土地利用分布数据中采样的方式，只需二期数据，避免误差传递。另外 FLUS 模型采用了自适应惯性竞争机制，能有效处理在自然作用与人类活动共同影响下，多种土地利用类型相互转化时的不确定性、复杂性。

本次研究利用 GeoSOS-FLUS V2.4 版本，通过机器学习日照市主城区 2010—2020 年城市用地发展规律，模拟 2020 年城市用地布局并验证准确度，达到满意值后，输入生态正义约束规则，对日照市主城区 2030 年土地利用布局加以预测。通过多情景预测与对比，观察生态正义约束下城乡绿地的发展规律，验证和总结生态正义驱动下的城乡绿地布局策略。

6.2 基于生态正义约束规则的 FLUS 模型

6.2.1 生态正义约束规则

各种城市 CA 模型的基本差异来自于元胞转换规则的制定。对具有成熟模拟算法和运行机制的 FLUS 模型来说，情景约束条件是实现使用者模拟预测动机的关键，需要用专家知识加以描述。基于第 5 章生态正义对城乡绿地布局的影响机制研究，用城市公园绿地服务半径覆盖率指标表征生态正义的平等分配城乡绿地资源的价值内涵，用城市各类用地绿地率达标率指标表征生态正义的平等履行城市绿化义务的价值内涵，用城市防护绿地实施率指标表征生态正义的合理分担城市生态损害赔偿责任的价值内涵，用生态保护红线制定与管理表征正当保护与修复城市自然生境的价值内涵，以此构建 FLUS 模型的生态正义约束规则。

6.2.1.1 城市公园绿地服务半径覆盖率

《国家园林城市评价标准》（2010）首先定义了城市公园服务半径覆盖率指标，后被纳入《城市园林绿化评价标准》GB/T 50563—2010，2016 年《国家园林城市系列标准》将该指标列为国家园林城市、国家生态园林城市考核的一票否决项。城市公园绿地服务半径覆盖率是评价公园绿地布局均好性的重要指标，反映了居民使用公园绿地的公平性，符合居民步行至公园绿地的距离不超过 500m 的方便性和可达性原则，是游憩型绿地布局应遵从的基本原则。其计算公式如下：

公园绿地服务半径覆盖率（%）= 公园绿地服务半径覆盖的居住用地面积（hm²）/ 居住用地总面积（hm²）× 100%

上式中，城市建成区内的综合公园、社区公园、专类公园和游园等游憩型绿地包含于公园绿地内。对于设市城市，5000m²（含）以上公园绿地服务半径考核 500m，2000（含）~5000m² 公园绿地服务半径考核 300m；历史文化街区内 1000m²（含）以上的公园绿地服务半径考核 300m；对于县城，1000~2000m²（含）公园绿地服务半径考核 300m；2000m² 以上公园绿地服务半径考核 500m。

城市公园绿地服务半径覆盖率约束规则数据准备步骤为：①在 GIS 平台上，以相关年份的遥感影像为底图，参考城市土地利用规划图，将城市建成区内居住用地全部勾绘出来，并定义为面要素，赋予居住用地黄颜色。相同方法识别公园绿地，赋予绿颜色。②以公园各边界起始，进行 300m 或 500m 缓冲区计算。被缓冲区所覆盖的居住用地变为蓝色，未被覆盖的居住用地仍然为黄色。③将蓝色居住用地标记为 0，其余用地标记为 1。标记为 0 的区域因满足公园服务半径覆盖要求而成为约束绿地元胞生长的区域，即绿地元胞只能在标记为 1 的城市区域增长，引导新增绿地在未被公园服务半径覆盖的区域生长，完善城乡绿地分布的空间均好性。

6.2.1.2 城市各类用地绿地率

绿地率反映了城市各类用地中绿化用地所占的比例。针对城市中单位、企业、居住区等社会建管绿地的建设缩水、管理不善等问题，住房和城乡建设部提出了建设项目实施"绿色图章"制度。"绿色图章"制度是为保证绿地率指标符合相关规范标准，对城市所有新建、改建、扩建的建设项目工程，实施项目附属绿地的规划审批和竣工验收，合格加盖"城市绿化审批专用章"和"城市绿化合格专用章"后，方可办理规划许可手续，进行开工建设。通过"绿色图章"制度，要求任何开发建设地块必须满足一定的绿地率，以实现土地开发建设过程中对自然的反哺，保证城市具有一定规模的绿色空间。

绿地率为地块上绿化用地面积所占地块用地总面积的百分比。绿地包括满足当地植树绿化覆土要求、方便居民出入的地下或半地下建筑的屋顶绿地，但其他屋顶、晒台的人工绿地不计入。

原建设部1993年颁布《城市绿化规划建设指标的规定》中要求新建居住区绿地占居住区总用地比率不低于30%；工业企业、交通枢纽、仓储、商业中心等绿地率不低于20%；学校医院等单位绿地率不低于35%。根据《城市用地分类与规划建设用地标准》GB 50137—2011，城市建设用地按8个大类、35个中类、42个小类划分。根据研究需要，本书将城市用地整合为居住用地、公共管理及公共服务设施用地、工矿企业用地3类进行测算现状绿地率（表6-2），不包括绿地和交通设施用地的绿地率。

城市各类用地绿地率测算标准　　　　　　　　　表6-2

《城市用地分类与规划建设用地标准》	现状用地测算整合	最低绿地率测算标准
居住用地	居住用地	30%
公共管理与公共服务设施用地	公共管理及公共服务设施用地	35%
商业服务业设施用地	工矿企业用地	20%
工业用地		
物流仓储用地		
公用设施用地		
交通设施用地	—	—
绿地	—	—

表格来源：《城市用地分类与规划建设用地标准》GB 50137—2011

城市各类用地绿地率约束规则数据准备步骤为：①在GIS平台通过遥感影像测算城市现状各类用地绿地率。②现状用地分3类与表6-2最低绿地率进行对比。③绿地率达标地块标记为0，不达标地块标记为1。绿地率达标用地为限制绿地元胞生长区，绿地率不达标用地为绿地元胞可生长区域，引导新增绿地向更需要反哺型绿地的空间发展。

6.2.1.3 城市防护绿地实施率

城市防护绿地实施率最早出现在《城市园林绿化评价标准》GB/T 50563—2010中，用以考核城市对防护绿地的建设情况。防护绿地是人类破坏自然环境后对自然的一种补偿，是为满足城市对卫生、隔离、安全要求而设置，能对自然灾害、城市公害等起到一定的防护或减弱作用，属于补偿型绿地。

城市防护绿地实施率的计算公式为：

$$城市防护绿地实施率（\%）= 已建成的城市防护绿地面积（hm^2）/ 城市防护绿地规划总面积（hm^2）\times 100\%$$

城市防护绿地实施率约束规则数据准备步骤为：①在 GIS 平台通过遥感影像测算城市已建成的防护绿地面。②与《城市绿地系统规划》中规划的防护绿地进行面积和位置的比对。③对已按规划建成的防护绿地标记为 0，已规划未建设的防护绿地区域标记为 1。标记为 0 的区域限制绿地元胞生长，引导绿地元胞向标记为 1 的区域增长，促进补偿型绿地的增长。

6.2.1.4 生态保护红线

生态保护红线是国家和区域生态安全的底线，是在重点生态功能区、生态环境敏感区和脆弱区划定的严格管控边界。2015 年国家环境保护部印发了《生态保护红线划定技术指南》，明确了生态保护红线的概念、特征与管控要求，详细规定了划定原则、技术流程、范围识别、划定方法、方案确定、边界核定、成果与实施等内容[6]。在《生态保护红线划定技术指南》的指导下，全国全面开展了生态保护红线划定工作。

生态保护红线所包围区域为生态保护红线区，其划定充分体现了代际正义的价值内涵，起到保障生态系统功能、维护生态安全格局、支撑经济社会可持续发展作用。在进行 FLUS 模拟预测时，生态保护红线直接成为生态正义约束规则，红线内区域标记为 0，禁止任何建设用地元胞的生长。

6.2.2 模型结构

基于生态正义约束规则的城乡绿地增长模型在 FLUS 模型的基础上，加入生态正义约束规则，完成生态正义价值观引导下的城乡绿地增长模拟与预测。该模型分为四个模块：基于马尔可夫链的未来用地需求总量预测模块、基于神经网络的适宜性概率计算模块、基于自适应惯性机制的元胞自动机模块、模拟精度验证与多情景预测模块（图 6-3）。

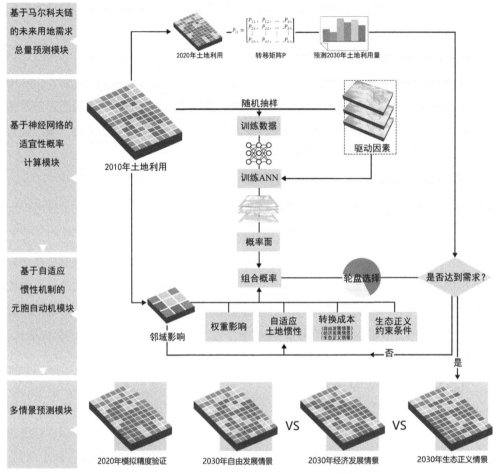

图6-3　生态正义约束规则下的FLUS模型结构

6.2.2.1　基于马尔可夫链的未来用地需求总量预测

利用 FLUS 进行城市土地利用变化空间模拟时，往往需要先预测区域土地利用变化总需求量。马尔可夫链（Markov Chain）方法和系统动力学（System Dynamics，SD）方法是确定区域用地变化或各类用地需求量的常用方法。马尔可夫链方法是基于转移概率的模型，可利用土地利用的现状和动向去预测未来的土地利用数量和变化趋势。系统动力学方法具有"自顶向下"的特点，能够科学地预测出不同规划政策与发展条件下未来的土地利用需求量，实现对未来目标年份在设定情景下土地利用变化数量的预测。本次研究使用的 GeoSOS-FLUS V2.4 版本中整合了马尔可夫链模块，因此未来用地需求总量采用马尔可夫链模型预测。

马尔可夫链模型在 1970 年由数学家马尔可夫（MARKOV A A）提出，是一种基于转移概率的数学统计模型，在国内外广泛应用于社会和自然领域。马尔可夫链模型主要包括状态、状态转移过程、状态转移概率和状态转移矩阵 4 个部分。它利用某一变量的现状和动向去预测未来的状态及动向，具有无后效的特点，即当前状态只与前时刻的状态有关，与其他因素无关。杨清可等研究发现，土地利用的变化特征有较为明显的马尔可夫链特征[7]。因此，本研究应用马尔可夫链模型进行城市用地需求预测。

马尔可夫链模型的表达公式如下：

$$S_{(t+1)} = P_{ij} \times S_{(t)}$$

$$P_{ij} = \begin{bmatrix} P_{11} & P_{12} & P_{13} & \cdots & P_{1n} \\ P_{21} & P_{22} & P_{23} & \cdots & P_{2n} \\ P_{31} & P_{32} & P_{33} & \cdots & P_{3n} \\ \cdots & \cdots & \cdots & \cdots & \cdots \\ P_{n1} & P_{n2} & P_{n3} & \cdots & P_{nn} \end{bmatrix}$$

$$P_{ij} \in [0, 1), \quad \sum_{n=1}^{n} P_{ij} = 1 \, (i, j = 1, 2, 3, \cdots, n)$$

式中：$S_{(t)}$、$S_{(t+1)}$ 为研究区不同时间点土地利用类型状态矩阵；P_{ij} 表示不同类型（$i \to j$）类型转移概率矩阵。

6.2.2.2 基于神经网络的适宜性概率计算

GeoSOS-FLUS V2.4 版本中内嵌基于神经网络的转换概率计算（ANN-based Probability-of-occurrence Estimation）模块，需要用户输入自然、交通区位、社会经济等土地利用变化驱动力因子，模块采用神经网络算法（ANN）整合、计算区域内各种土地利用类型出现概率。计算过程中需要准备一期土地利用分类栅格数据和归一化处理后的自然、社会驱动因子栅格数据。

6.2.2.3 基于自适应惯性机制的元胞自动机

GeoSOS-FLUS V2.4 版本内嵌基于自适应惯性机制的元胞自动机（Self Adaptive Inertia and Competition Mechanism CA）模块，初始输入数据为多类别空间土地分类栅格数据，设置各项模型参数。模型参数即反映了元胞的转换规则，主要包括以下 5 方面。

（1）适宜性概率数据，即第二步骤基于神经网络转换概率计算得到的各类用地的分布概率数据。

（2）约束用地变化的限制数据，即模拟中的约束条件。比如自然保护区或者宽阔水面上，一定时期内不会发生土地利用类型的变化，可以考虑设定限制转化区域。限制数据需在 GeoSOS-FLUS 软件以外制作。该数据是二值数据，只允许数据 0 和 1 这两个数值存在。数值 0、1 分别表示该区域不允许土地类型发生转化和允许发生转化。

（3）根据研究区域的实际情况，采用专家经验或估算方法（SD 模型、灰色预测模型、马尔可夫链模型）确定各土地利用类型变化数量的目标，其中各土地利用类型变化数量的目标需手动输入。

（4）成本矩阵中不同土地类型间的转化成本需根据外部经验确定（允许转化时设为 1，不允许转换时设为 0）。

（5）不同土地利用类型的邻域因子参数范围为 0~1（扩张能力越强，邻域影响越大越接近 1），可根据经验或各用地类型扩张面积占比计算后输入。

6.2.2.4 模拟精度验证与多情景预测

GeoSOS-FLUS 软件主菜单 Validation 提供 Kappa 系数和 FoM 值两种计算指标对模拟精度进行检验。

（1）Kappa 系数

科恩的 Kappa 系数通常用于数据一致性验证，其计算公式如下：

$$k = \frac{p_0 - p_e}{1 - p_e}$$

其中，p_0 是每一类正确分类的元胞数量之和除以总元胞数，即整体分类精度。假设每一类的真实元胞数分别为 a1，a2，……aC，而模拟的每一类元胞数分别为 b1，b2，……，bC，总元胞数为 n，则

$$P_e = \frac{a1 \times b1 + a2 \times b2 + \cdots + aC \times bC}{n \times n}$$

从理论上讲，Kappa 系数的计算结果在 -1 和 1 之间，但值通常介于 0 和 1 之间。Kappa 系数 0.00~0.20 之间表示一致性极低，0.21~0.40 之间表示一致性一般，0.41~0.60 之间为一致性中等，0.61~0.80 之间为高度一致性，0.81~1.00 则近乎完全一致。

（2）FoM 值

珀西斯等提出的优质性能指数 FoM（Figure of Merit），是反映单位级别一致性和模式级别相似性的指标，是定量地检验元胞尺度上的模拟精度。FoM 的计算公式如下：

$$F = B / (A + B + C + D)$$

式中，A 代表观测状态变化模拟结果不变的错误元胞数量，B 代表观测状态和模拟结果均变化的正确元胞数量，C 代表观测状态变化模拟结果变化但变化类型有误的错误元胞数量，D 代表观测状态不变而模拟结果变化的错误元胞数量。FoM 指数优于Kappa 系数，用于评估模拟更改的准确性。通过验证，FoM 指数值范围通常处于 0 到0.59 之间，并且通常低于 0.3，当超过 0.3 时，两个图像之间的一致性非常高。

通过设计研究法反复训练模拟过程，直至 Kappa 系数和 FoM 值均达到理想水平，即可完成模拟。最后，根据发展目标输入相应的约束条件，即可进行城乡绿地未来发展多情景预测，通过多维度比较预测结果，分析不同情景发展优劣。

6.2.3 模拟数据准备

6.2.3.1 土地利用分类数据

本模型模拟研究区的土地利用和绿地增长变化状况，因此首先需通过遥感影像解译或直接获取的方法，得到研究区多时段的土地利用分类数据。FLUS 软件使用的土地利用分类数据应为 ArcGIS 支持的 GRID、TIFF 等格式的单波段栅格数据。栅格精度根据研究区面积的大小确定。一般区域尺度的栅格精度为 1km×1km 或 500m×500m，城市尺度的栅格精度为 100m×100m 或 50m×50m，社区尺度的栅格精度为 30m×30m 或 10m×10m。一个栅格即为一个元胞。根据研究需要，给每个元胞定义土地利用现状分类的状态。

分类后的土地利用分类数据都使用唯一数值来标识所代表土地利用类型，因此应进行符号化以直观和规范地表达土地利用分类信息。在 ArcGIS 中应使用 Unique Value 符号化方式，对 VALUE 字段进行符号化，包括对每个唯一一值设定合适的 Symbol，填充 Label 说明。在设定一次符号化方式后，可以将符号化设置保存为 lyr 文件，以方便再次设置相同的符号化方式时使用。

6.2.3.2 空间影响因子数据

研究表明，邻近现有土地利用类型的数量、单元的自然属性、距离等将会影响土地利用变化概率 [8, 9]。例如：模拟单元越接近城市中心，交通越便利，则转变为城市用地的概率越高；临近范围内某一土地利用类型较多时，该地块单元转化的概率就越高。因此，可以选取合理的空间化方式来获取影响因子变量，通过分析土地利用变化情况来获得研究区的土地利用变化。

本次研究模型确定了输入层的空间变量包括自然属性变量、社会属性变量和生态正义约束变量三部分，共 13 个变量。这些空间变量按栅格格式处理，并使土地利用分类数据和分辨率、空间范围一致，同时归一化处理空间影响因子数据，使其值的范围在 0~1 之间。生态正义约束规则为二值变量，1 代表不可转换，0 代表可转换。

6.2.4 模拟步骤

根据本次研究框架和 FLUS 模型的运行原理，本次模拟分为土地需求预测、转换概率计算、模拟与预测和模拟精度验证 4 个阶段。

6.2.4.1 土地需求预测

直接在 GeoSOS-FLUS V2.4 版本中点击 Prediction 菜单启动 Markov chain 模块（图6-4）。输入初始年份和终止年份的土地利用数据，并填写相对应的起止年份，在 Predict year 选项框中选择预测的年份，这个预测年份与前面填写的起止年份应有相等的时间间隔。五个对话框的数据全部输入完成后，点击 Run 按钮，即开始了马尔可夫计算。计算结果对话框内出现转移矩阵、转移概率、预测数量三部分内容。转移矩阵反映的是输入起止年份两期数据的土地类型相互转移的数量；转移概率反映的是输入起止年份两期数据的各类土地的转移概率，每类转移概率相加的和为 1；预测数量反映的是根据前面的转移概率计算的预测年份各类土地类型的预测总量。可以选择多个年份，预测未来多年的各类土地需求总量。

6.2.4.2 转换概率计算

通过主菜单 FLUS-Model 标签，进入 ANN-based Probability-of-occurrence Estimation，打开概率计算模块操作窗口（图 6-5）。该模块共包含土地使用数据、神经网络训练、保存路径、驱动因素和结果显

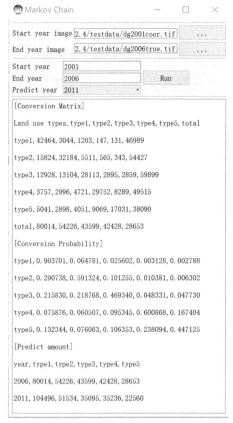

图 6-4　马尔可夫链土地需求预测界面
（图片来源：FLUS 软件）

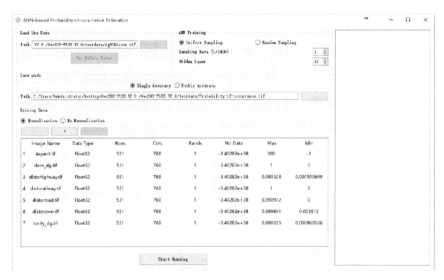

图 6-5　基于神经网络的适宜性概率计算界面
（图片来源：FLUS 软件）

示框五部分。

第一，在 Land Use Data 中输入土地利用数据，对话框中选择前期土地利用分类栅格数据后设置土地使用代码和有效值。

第二，在 ANN Training 中设置训练样本采样模式为 Uniform Sampling（均匀采样，采样点数相同）或 Random Sampling（随机采样，采样点数量与各类用地所占的比例相关）。采样比例是确定对数据进行何种比例的采样，即采样数据的记录总数 = 起始年份土地利用分类数据的栅格总数 × 采样百分比。比例越大，采样数据越大，则训练 ANN 时间越长，通常按有效总像元数 2% 采样（采样参数 20）。定义隐藏层元胞的数量，可以根据输入输出层元胞的数量确定，或使用默认值。根据经验，神经网络的隐藏层数量设为 12。

第三，保存数据为 Single Accuracy（单精度）或 Double Accuracy（双精度）。单精度保存生成 Float 类型（单精度浮点型）影像，适合大尺度土地利用变化模拟；双精度生成 Double 类型（双精度浮点型）的影像，数据精度高，占用存储空间大。

第四，加载驱动力因子。在 Driving Data 对话框中选择前期已准备好的多个驱动力因子栅格数据。在列表框中将显示用户打开的驱动力因子数据列表及其对应的数据信息（文件名，数据类型，行列数、波段数等）。系统默认驱动力因子数据归一化处理为 Normalization（进行标准化处理），系统自动将所有驱动力因子归一化到 0~1 之间，实施过程中可选择是否全部处理。

第五，点击 Start Running 按钮，进行神经网络模型和概率计算。衡量训练精度体现为三个：均方根误差（RMSE）、平均误差（Average error）、平均相对误差（Average relative error）指标，所生成适宜性概率为 Probabillly-of-occurrence.tif 格式文件。在 FLUS 影像浏览器中打开，可看到适宜性概率数据由多个波段构成，每个波段对应一种土地利用类型在各个像元上的适宜性概率。

6.2.4.3 模拟与预测

通过 FLUS Model 菜单选择 Self Adaptive Inertia and Competition Mechanism CA 操作窗口（图 6-6）。在窗口左下角默认选择 Setting 页面，输入模拟所需数据和设置各项模型参数。Setting 页面共包含土地利用数据、适宜性概率数据、保存路径、约束性数据和模拟参数设置等五个部分。其中约束性数据和模拟参数设置两部分反映了模型的生态正义规则和模拟场景的不同。

第一，点击 Set Land Use Type, Color Display and NoData Value 按钮，设置起始年份土地利用数据的类型代码、名称和颜色。FLUS 软件只允许设置一个无效值（NoData Value），其余均为有效值（Valid Data）。

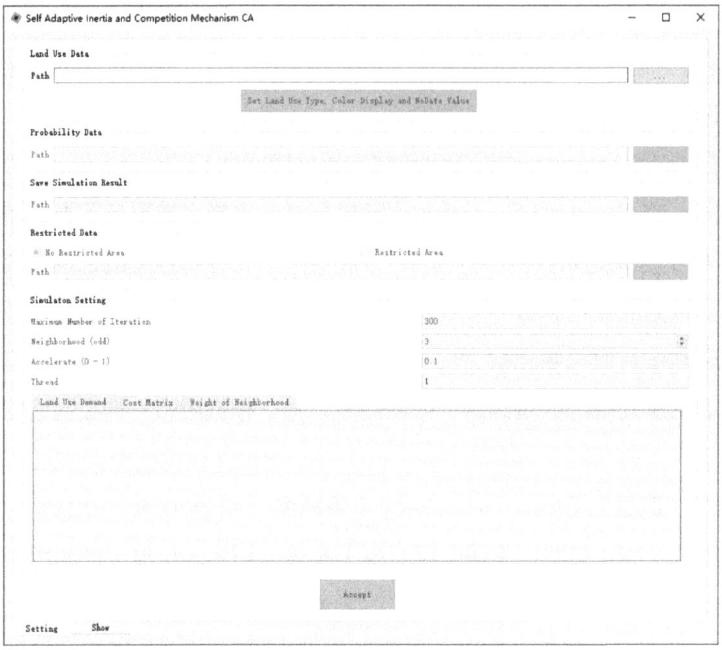

图6-6　自适应惯性机制元胞自动机操作界面
（图片来源：FLUS 软件）

第二，输入适宜性概率数据，即由基于神经网络的适宜性概率计算模块得到的各类用地的分布概率数据。

第三，设置模拟结果的保存路径及命名文件名。

第四，输入约束用地变化的限制数据。在本次基于生态正义约束规则的 CA 城乡绿地增长模型中的约束数据即在 ArcGIS 中制作的生态正义约束规则的二值栅格数据。

第五，设置迭代次数、模型加速因子、模拟用地转换数量目标、邻域范围大小、成本矩阵等模拟参数。迭代次数推荐设定为一个比较大的值（如 300），计算到达迭代目标会提前停止。邻域窗口大小是确定提取抽样数据和进行模拟计算时所使用 N×N 窗口的大小。窗口越大，则涉及的栅格越大，则当前栅格所受到邻域影响的栅格越多，在元胞自动机中邻域值默认为奇数 3，默认加速因子为 0.1。当模拟的图像范围比较大时，模型运行较慢。可以将模型因子设为一个较大的值（0 到 1 之间）以加快土地利用变化的转化速率。从 FLUS2.4 版本开始，FLUS 支持多线程计算。用户可以增加运行的线程数以加速模型的运行。

模拟用地转换的数量目标选项卡中（图 6-7），Initial Pixel Number 表示软件自动统计的初始年份土地利用类型像元数，Future Pixel Number 表示未来各类土地利用类型的面积，使用过程中可根据研究区域实际发展情况，采用土地利用数量预测模型

Future Land Area	Cost Matrix	Weight of Neighborhood		
	城市	水体	耕地	林地	果园
Initial Pixel Number	46989	54427	59899	49516	38090
Future Pixel Number	80016	54427	43599	42133	28446

图 6-7 模拟用地转换的数量目标选项卡界面
（图片来源：FLUS 软件）

或专家经验预测各类土地需求。使用者需要在第三行 Future Pixel Number 输入各土地利用类型变化数量的目标。

模拟转换中的成本矩阵在 Cost Matrix 选项卡中（图 6-8）设置。在本次研究中，按生态正义情景、自由发展情景、经济优先情景 3 个模式设置，分别对应不同的转移矩阵，矩阵对应值设为 0（不允许转换）或 1（允许转换）。

Land Use Demand	Cost Matrix	Weight of Neighborhood		
	城市	水体	耕地	林地	果园
城市	1	0	0	0	0
水体	0	1	0	0	0
耕地	1	1	1	1	0
林地	1	0	1	1	0
果园	1	0	1	0	1

图 6-8 转换成本矩阵选项卡界面
（图片来源：FLUS 软件）

Weight of Neighborhood 选项卡中（图 6-9）设定各类土地利用类型的邻域因子参数（按照土地类型的扩张能力，范围为 0~1，1 表示最强），软件默认为 1，一般根据经验来填写，也可以根据各用地类型扩张面积的占比来计算。

Land Use Demand	Cost Matrix	Weight of Neighborhood		
	Urban land	Water area	Cropland	Forest land	Orchard
Weight of neighborhood	1	0.9	0.5	1	0.1

图 6-9 邻域因子参数选项卡界面
（图片来源：FLUS 软件）

完成迭代模拟参数的设置后，在窗口左下角选择 Show 页面，进行土地利用变化的模拟。点击左下角的 Show 页面选项，在 Show 页面中 FLUS 软件支持对土地利用空间变化与数量变化过程的动态显示。点击 Run 按钮开始模拟，窗口左侧上方的图表面板将显示各土地利用类型在迭代过程中数量变化的曲线。窗口左侧下方的迭代记录文本框内将记录本次迭代所设定的参数，显示每一轮迭代后各土地利用类型的像元数值，右侧显示面板将动态显示每一次迭代刷新后各类用地的空间分布情况。达到设置的迭代次数或未来土地类型数量目标时，软件将自动停止迭代模拟。停止迭代后系统将把模拟结果保存到预设的保存路径中。

6.2.4.4 模拟精度验证

（1）计算 Kappa 系数

先后通过 Ground Truth、Simulation Result 加载模拟年的土地利用数据后，即可选择样本计算 Kappa 系数。FLUS 软件同样提供两种采样模式：Random Sampling（随机采样模式）或 Uniform Sampling（均匀采样模式）。选择随机采样模式后在下方输入随机采样点数的比例，选择均匀采样模式则在下方输入每类用地采样点的个数。计算结果会以 Kappa.csv 格式文件保存。

（2）计算 FoM 值

先后通过 Start Map、Ground Truth、Simulation Result 命令加载真实的初始年的土地利用数据后，计算 FoM 值，计算结果以 FoM.csv 格式文件保存。

6.3 本章小结

城乡绿地布局的空间决策问题涉及大量的、多源的空间数据和各种法规，对这些信息的处理需要相应的规划模型和分析方法。地理模拟系统引入了计算机领域中的许多先进算法，能够在大量空间数据中自动地挖掘城乡绿地空间演变的过程信息和发展规律，能够模拟展示不同价值目标引导下的城乡绿地发展情景。通过多方案比选，为政府的科学决策提供数据支持。本研究拟通过地理模拟预测，观察生态正义导向下的城乡绿地布局特征，对比其与自由发展情景和经济优先情景的绿地布局的差异，进而验证生态正义导向下的城乡绿地布局原则，提出城乡绿地发展策略。

本章首先比较了城乡绿地布局模拟预测模型。元胞自动机（CA）是目前多种地理模拟模型的基础技术，CA 转换规则的制定逻辑与方法是模型差异和目标实现的关键。本书对比分析了基于决策树方法的 CA（DT-CA）、基于逻辑回归方法的 CA（Logistic-CA）、基于人工神经网络方法的 CA（ANN-CA）、未来土地利用变化情景模拟模型（FLUS）。研究发现，DT-CA 和 Logistic-CA 仅适用于非城市用地—城市用地单类土地利用类型转换，而 ANN-CA 和 FLUS 则可以适用于多类土地利用类型转换；ANN-CA 需要三期数据准备，而 FLUS 仅需二期数据准备，采用从一期土地利用分布数据中采样的方式，能较好地避免误差传递的发生；另外 FLUS 模型采用了基于轮盘赌选择的自适应惯性竞争机制，能有效处理多种土地利用类型在自然作用与人类活动共同影响下发生相互转化时的不确定性与复杂性。因此，最终选择华东师范大学黎夏教授主持的国家自然科学基金重点项目（41531176）和国家重点研发计划重点专项项目（2017YFA0604402）的研究成果——地理模拟与优化系统（GeoSOS）的 FLUS 模型作为本次研究的基础模型。

基于生态正义约束规则的城乡绿地增长模型在 FLUS 模型的基础上，加入生态正义约束规则，完成生态正义价值观引导下的城乡绿地增长模拟与预测。该模型由基于马尔可夫链的未来用地需求总量预测模块、基于神经网络的适宜性概率计算模块、基于自适应惯性机制的元胞自动机模块、模拟精度验证与多情景预测模块四部分组成，需要准备两期土地利用分类数据和空间影响因子数据，以 Kappa 系数和 FoM 值共同验证模拟精度。

根据第 5 章生态正义对城乡绿地布局的影响机制，构建 FLUS 模型的生态正义约束规则。用城市公园绿地服务半径覆盖率指标表征生态正义的平等分配城乡绿地资源的价值内涵，用城市各类用地绿地率达标率指标表征生态正义的平等履行城市绿化义务的价值内涵，用城市防护绿地实施率指标表征生态正义的合理分担城市生态损害赔偿责任的价值内涵，用生态保护红线制定与管理表征正当保护与修复城市自然生境的价值内涵。将四种指标数据空间化，并综合叠加，最终形成生态正义约束规则图。将满足生态正义价值内涵的区域标记为 0，限制城乡绿地元胞的生长；其余空间标记为 1，引导绿地元胞增长，促进绿地的生态正义分布。

参考文献

[1] 周成虎，孙战利，谢一春 . 地理元胞自动机研究 [M]. 北京：科学出版社，1999.

[2] ITAMI M R. Simulating spatial dynamics：cellular automata theory[J]. Landscape and Urban Planning, 1994, 30: 24-47.

[3] 魏冉 . 土地规划约束下的城市土地利用变化元胞自动机模拟 [D]. 南京：南京师范大学，2016.

[4] LIU X, LIANG X, LI X et al. A future land use simulation model（FLUS）for simulating multiple land use scenarios by coupling human and natural effects[J]. Landscape and Urban Planning, 2017, 168: 94-116.

[5] 王旭，马伯文，李丹等 . 基于 FLUS 模型的湖北省生态空间多情景模拟预测 [J]. 自然资源学报，2020，35（1）：230-242.

[6] 中华人民共和国生态环境部 . 关于印发《生态保护红线划定技术指南》的通知 [EB/OL]. https://www.mee.gov.cn/gkml/hbb/bwj/201505/t20150518_301834.htm.

[7]　杨清可，段学军，王磊等 . 基于"三生空间"的土地利用转型与生态环境效应——以长江三角洲核心区为例 [J]. 地理科学，2018，38（1）: 97-106.

[8]　LI X，YEH A G O. Modelling sustainable urban development by the intergration of constrained cellular automata and GIS[J]. International Journal of Geographical Information Science，2000，14（2）: 131-152.

[9]　BATTY M，XIE Y. Form cell to cities[J]. Environment and Planning B，1994，21: 531-548.

生态正义导向下的城乡绿地发展预测

7.1 日照市主城区城乡绿地发展模拟与预测

7.1.1 日照市主城区城乡绿地数据库构建

7.1.1.1 城市用地分类

以日照市 2010 年和 2020 年两期卫星遥感影像为底图，参考《日照市城市总体规划（2018—2035 年）》中土地利用现状及规划图，通过目视解译的方法绘制日照市 2010 年、2020 年土地利用矢量图。为减少计算机冗余数据，在进行 FLUS 模拟预测时需要将城市用地重分类。参照《城市绿地分类标准》CJJ/T 85—2017[1]、《城市用地分类与规划建设用地标准》GB 50137—2011[2]、《土地利用现状分类》GB/T 21010—2017[3]、《国土空间调查、规划、用途管制用地用海分类指南》（自然资办发〔2020〕51 号）[4]，同时考虑本研究的主体为绿地，本着无覆盖、无遗漏的原则，将绿地按生态正义内涵重分类为游憩型绿地、反哺型绿地、补偿型绿地和保育型绿地；合并居住用地、工矿企业用地、公共管理与公共服务设施用地、交通设施用地等为除绿地以外的其他城市建设用地；将城市发展边界内的非建设用地重分类为农林用地、河流水域和未利用地。最终，根据本次研究需要，日照市主城区城市用地分为游憩型绿地、反哺型绿地、补偿型绿地、保育型绿地、其他城市建设用地、河流水域、农林用地、未利用地 8 类（表 7-1）。

日本建筑师芦原义信在其经典著作《外部空间设计》中提出了"外部模数"理论，认为外部空间应具备 20~25m 的尺度模数，在此距离内，人与人、建筑之间才可保持相互的感知。《城市绿地分类标准》CJJ/T 85—2017 认为 12m 宽度是园路、休憩设施并形成宜人游憩环境的宽度下限。在建设用地日趋紧张的社会背景下，小型游园、口袋公园的建设受到鼓励，因此《城市绿地分类标准》对块状游园不作规模下限要求。《城市居住区规划设计标准》GB 50180—2018 规定最小规模居住区公园面积为 0.4hm²（4000m²），居住街坊内集中绿地宽度不应小于 8m（表 7-2）。综上所述，本次研究将日照市主城区元胞的尺度确定为 10m×10m，确保反映出游园尺度的城乡绿地。

表7-1

日照市主城区用地重分类对照表

序号	重分类用地名称	《城市绿地分类标准》 CJJ/T 85—2017	《城市用地分类与规划建设用地标准》 GB 50137—2011	《土地利用现状分类》 GB/T 21010—2017	《国土空间调查、规划、用途管制用地用海分类指南》（自然资办发〔2020〕51号）
1	游憩型绿地	G1 公园绿地、G3 广场用地、EG1 风景游憩绿地	G1 公园与绿地、G3 广场用地，具有游憩功能的 E 非建设用地	0810 公园与绿地，具有游憩功能的 "03 林地、04 草地、11 水域及水利设施用地、12 其他土地"	1401 公园绿地、1403 广场用地、21 游憩用地，具有游憩功能的 "05 湿地、03 林地、04 草地、16 留白用地、23 其他土地"
2	反哺型绿地	XG 附属绿地	H 建设用地中用于绿化的土地	"05 商服用地、06 工矿仓储用地、07 住宅用地、08 公共管理与公共服务用地、09 特殊用地、10 交通运输用地" 中用于绿化的土地	"06 农业设施建设用地、07 居住用地、08 公共管理与公共服务用地、09 商业服务业用地、10 工矿用地、11 仓储用地、12 交通运输用地、13 公用设施用地、15 特殊用地" 中用于绿化的土地
3	补偿型绿地	G2 防护绿地、EG3 区域设施防护绿地、EG4 生产绿地	G2 防护绿地、H9 其他建设用地	具有防护功能的 0810 公园与绿地	1402 防护绿地、1209 其他交通设施用地、1313 其他公用设施用地
4	保育型绿地	EG2 生态保育绿地	具有生态保育功能的 E 非建设用地	具有生态保育功能的 "03 林地、04 草地、11 水域及水利设施用地、12 其他土地"	具有生态保育功能的 "05 湿地、17 陆地水域、18 渔业用海、19 工矿通信用海、20 交通运输用海、22 特殊用海、24 其他海域、03 林地、04 草地、16 留白用地、23 其他土地"
5	其他城市建设用地	—	R 居住用地、A 公共管理与公共服务用地、B 商业服务业设施用地、M 工业用地、W 物流仓储用地、S 道路与交通设施用地、U 公用设施用地	05 商服用地、06 工矿仓储用地、07 住宅用地、08 公共管理与公共服务用地、09 特殊用地、10 交通运输用地	06 农业设施建设用地、07 居住用地、08 公共管理与公共服务用地、09 商业服务业用地、10 工矿用地、11 仓储用地、12 交通运输用地、13 公用设施用地、15 特殊用地
6	河流水域	—	E1 水域	11 水域及水利设施用地	05 湿地、17 陆地水域、18 渔业用海、19 工矿通信用海、20 交通运输用海、21 游憩用海、22 特殊用海、24 其他海域
7	农林用地	—	E2 农林用地	01 耕地、02 园地、03 林地、04 草地	01 耕地、02 园地、03 林地、04 草地
8	未利用地	—	E9 其他非建设用地	12 其他土地	16 留白用地、23 其他土地

城乡绿地最小规模规定　　　　　　　　表 7-2

文献名称	最小规模绿地
《外部空间设计》	20~25m
《城市绿地分类标准》CJJ/T 85—2017	12m
《城市居住区规划设计标准》GB 50180—2018	8m

将两期城市用地数据重分类后（彩图6、彩图7），进行 10m×10m 的栅格处理，形成栅格图像以备模拟使用。日照市主城区内各类用地的元胞数量见表 7-3。

日照市主城区各类用地元胞数量汇总表　　　　　表 7-3

（单位：个）

序号	用地名称	2010 年	2020 年
1	游憩型绿地	76263	101605
2	反哺型绿地	217993	221737
3	补偿型绿地	36153	74344
4	保育型绿地	27172	66986
5	其他城市建设用地	979658	1312433
6	河流水域	134518	129010
7	农林用地	902986	540275
8	未利用地	91920	20273
	合计	2466663	2466663

7.1.1.2　空间影响因子归一化

日照市主城区绿地发展模拟空间变量可分为自然属性变量、社会属性变量和生态正义约束条件三部分。将各变量和约束条件进行归一化处理，具体情况及获取方法见表 7-4。

（1）自然属性变量

日照市主城区 DEM 数据源自 BigemapGISOffice 下载器 17 级数据。将日照市主城区 DEM 数据导入 GIS，输入空间分析命令中的坡度分析、坡向分析，可见主城区的坡度值在 0~46.41° 之间，坡向在 −1~360 之间，归一化后对应 0~1 值。

（2）社会属性变量

城市人口密度、铁路、高速公路、城市主要道路是城市经济发展的重要驱动因子。观察历史影像可知，城市建设用地均靠近交通两侧发展。因此，某元胞越接近交通要道，其转变为城市用地的概率越高。用距交通线路的距离来表征经济对城市建设用地

城乡绿地 ANN-CA 模型所采用的空间变量　　　　　　　　表 7-4

空间变量		获取方法	原始数据值范围	标准化值范围
1. 自然属性变量	高程（x1）	利用 Arc/Info TIN 转换为 Arc/Info GRID 模拟的中间结果	−1.38~193.06m	0~1
	坡度（x2）		0°~46.41°	0~1
	坡向（x3）		−1~360	0~1
2. 社会属性变量	人口密度（x4）	利用 Eucdistance function of Arc/Info GRID	0~76.64	0~1
	距铁路的距离（x5）		0~6.98km	0~1
	距高速公路的距离（x6）		0~10.92km	0~1
	距城市主要道路的距离（x7）		0~3.70km	0~1
	距水体的距离（x8）		0~5.49km	1~0
	距生态红线的距离（x9）		0~10.39km	1~0
3. 生态正义约束条件	居住用地有无被公园服务半径覆盖	二值法	1 有，0 无	—
	工矿用地周边有无防护绿地	二值法	1 有，0 无	—
	绿地率有无达标	二值法	1 有，0 无	—
	生态红线	二值法	1 内，0 外	—

发展的方向性引导。日照市主城区内距铁路的距离在 0~6.98km 之间，距高速公路的距离在 0~10.92km 之间，距城市主要道路的距离在 0~3.70km 之间，进行归一化后均在 0~1 之间。

　　距水体和生态红线的距离越近的元胞，转化为城市建设用地的概率就越小，转化为绿地的概率越大。因此，进行归一化处理时，水体和生态红线距离的影响作用与交通距离的影响作用相反。日照市主城区内距水体的距离在 0~5.49km 之间，距生态红线距离在 0~10.39km 之间，归一化后在 1~0 之间。

　　（3）生态正义约束条件

　　生态正义约束条件均为二值变量。能反映绿地生态正义分布的值为 0，该范围内的元胞不再发生转换；不能反映绿地生态正义分布的值为 1，该范围内的元胞有可能向城乡绿地转换。日照市主城区能反映城乡绿地生态正义分布的区域为被公园服务半径覆盖的居住用地区域、绿地率达标区域、有防护绿地的工矿区域以及生态红线内区域（彩图 8~ 彩图 10）。将四类生态正义约束条件整合到一张图中（彩图 11），重叠居住区部分相融合，形成日照市主城区绿地发展生态正义总体约束条件，参与 2020 年至 2030 年发展预测。

《日照市城市总体规划（2018—2035 年）》对日照市重要的生态要素进行生态红线管控，主城区范围内主要包括付疃河口国家湿地公园、奎山森林公园、沿海基干林带、日照泻湖、灯塔万平口风景区等，一级管控区面积为 2.38km²，二级管控区 19.71km²，生态功能为生物多样性保护。一级管控区实行最严格的管控措施，严禁一切开发建设活动；二级管控区实行差别化的管控措施，严禁有损主导生态功能的开发建设活动。将生态红线一级管控区划为生态正义约束条件，作为生态保育型绿地进行严格保护。

7.1.2　日照市主城区用地需求预测

以 2010 年为起始年份，2020 年为模拟终止年份，2030 年为预测年份，将日照市主城区起止两期土地利用数据输入 GeoSOS-FLUSV2.4 版本中整合的马尔可夫链模块中。经马尔可夫链对 2010 年和 2020 年土地类型相互转换的数量、转换概率的计算，预测出日照市主城区 2030 年各类土地的需求总量。观察预测结果（表 7-5）发现：

日照市主城区各类用地需求统计及发展预测　　　　　　　　　表 7-5

用地类型	2010 年		2020 年		2030 年	
	元胞数量（个）	总量占比（%）	元胞数量（个）	总量占比（%）	元胞数量（个）	总量占比（%）
游憩型绿地	76263	0.03	101605	0.04	119853	0.05
反哺型绿地	217993	0.09	221737	0.09	204202	0.08
补偿型绿地	36153	0.01	74344	0.03	90625	0.04
保育型绿地	27172	0.01	66986	0.03	91699	0.04
其他城市建设用地	979658	0.40	1312433	0.53	1476759	0.60
水域	134518	0.05	129010	0.05	123542	0.05
农林用地	902986	0.37	540275	0.22	344512	0.14
未利用地	91920	0.04	20273	0.01	15471	0.01
合计	2466663	1.00	2466663	1.00	2466663	1.00

（1）总量占比增长的用地类型包括游憩型绿地、补偿型绿地、保育型绿地和其他城市建设用地。其中游憩型绿地每十年以 1% 的速度匀速增长，而补偿型绿地、保育型绿地和其他城市建设用地在 2010~2020 年增长较快，2020~2030 年增长放缓，这与现实情况较为相符。2010 年日照市刚刚步入快速城镇化阶段，基础建设用地量较少，且还未能重视补偿型和保育型绿地的建设；2010~2020 年的十年间，日照市进入快速城镇化阶段，且创建了国家园林城市，认识到了补偿型绿地和保育型绿地的生态环境作用，因此补偿型绿地、保育型绿地和其他城市建设用地总量占比有大幅度提升；

2020~2030 年的十年间，由于日照市主城区开发边界的限制，补偿型绿地、保育型绿地和其他城市建设用地没有足够的发展空间，因此降低了发展速度。

（2）总量占比减少的用地类型包括反哺型绿地、农林用地和未利用地。随着日照市城镇化的发展，主城区开发边界内的农林用地和未利用地成为城市建设用地发展的主要来源，因此有明显的减少趋势。反哺型绿地在前十年并没有减少，只是在后十年降低了 1% 的份额，可能与城市建设用地发展受限后，侵占建设用地附属绿地有关，应引起高度重视，加强建成绿地的监管力度。

（3）水域保持稳定，20 年间没有发生侵占、填埋城市内水域或挖水、积水、塌陷等现象，因此水域总量占比不变。

基于以上分析，马尔可夫链对日照市主城区各类用地需求预测结果与城市发展现实基本吻合，能够作为前提条件参与 FLUS 模型的模拟预测。

7.1.3　日照市主城区用地适宜性概率计算

在基于神经网络的出现概率计算模块输入日照市主城区 2010 年土地利用数据作为初始数据。神经网络训练采用随机采样（Random Sampling）策略，按各类用地所占的比例确定各类用地采样点数量。采样点总量设置为 20，即采样点总数占研究区域有效总像元数的 2%。根据输入输出层元胞的数量确定神经网络的隐藏层数量设为 13。加载图 7-1 中 9 个归一化后的驱动因子，各类用地的适宜性概率影像以双精度生成。

结果如图 7-2 所示，图中颜色越浅适宜性越强，颜色越深适宜性越弱。游憩型绿地适宜性较强区域分布在城区内河流两侧和泻湖周边；反哺型绿地适宜性较强区域分布在城市建设用地分布区域；补偿型绿地适宜性较强区域分布在城市主要交通道路两侧；生态保育型绿地适宜性较强区域分布在城市南部奎山周边；其他城市建设用地适宜在原用地周边扩展发展，农林用地则适宜在原用地周边缩小发展；水域基本保持不变，空闲用地适宜在主城区开发边界内散点分布。从图 7-2 中可见各类用地适宜性分布与日照市主城区的现状条件吻合。

7.1.4　日照市主城区绿地发展模拟与精度验证

用日照市主城区 2010 年土地利用数据进行 2020 年土地利用的模拟，并与 2020 年真实数据进行对比，验证模型的模拟精度。输入 7.1.3 节计算出的适宜性概率数据、无约束用地变化的限制数据。设置模拟参数，迭代的次数 300、邻域范围大小 3、模型加速因子 0.1。输入表 7-3 中 2020 年各类用地实际数量作为模拟用地转换的数量目标。由于 2010~2020 年日照市处于无约束快速城镇化阶段，模拟时选用经济优先情

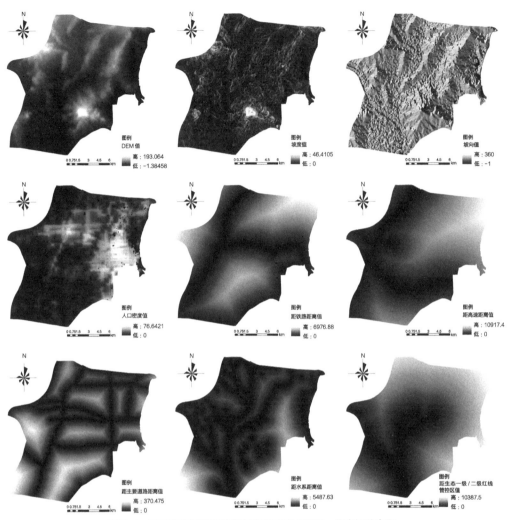

图7-1　日照市主城区绿地发展空间影响因子归一化空间分布图

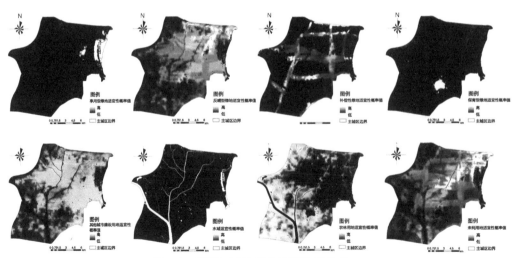

图7-2　日照市主城区各类用地发展适宜性

景的成本矩阵（表 7-9）。邻域因子参数参考已有研究的经验并考虑日照市主城区用地特征，将用地类型的扩张能力依次定义为其他城市建设用地＞游憩型绿地＞保育型绿地＞补偿型绿地＞反哺型绿地＞农林用地＞未利用地＞水域。其中，受人为因素影响，建设用地扩张能力最强，水域扩张能力最弱，分别设为 1 和 0.01。考虑到公园城市建设背景和生态正义价值观的影响，四类绿地的参数设置较高，特别以游憩型绿地最高。农林用地和未利用地在城市发展边界范围内扩张能力较弱（表 7-6）。

邻域因子参数 表 7-6

土地利用类型	游憩型绿地	反哺型绿地	补偿型绿地	保育型绿地	其他城市建设用地	水域	农林用地	未利用地
邻域因子参数	0.9	0.5	0.6	0.7	1	0.01	0.2	0.1

将模拟的 2020 年土地利用数据与真实的 2020 年数据进行对比，共拟合 2373605 个元胞，占 96.23%，误差 93058 个元胞，占 3.77%。其中反哺型绿地、补偿型绿地、其他城市建设用地、水域和未利用地有高度拟合性，游憩型绿地和保育型绿地较实际有所增长，水域与农林用地较实际有所减少。Kappa 系数验证采用随机采样，采样率 5%，得到 Kappa 系数为 0.555，总体精度为 71.2%。FoM 系数验证中，A=430837，B=166380，C=109317，D=207430，FoM 值为 0.191。综合验证数据，表明 FLUS 模型适用于模拟本地区未来土地利用变化状况，且精度水平较高。

7.1.5 日照市主城区绿地发展多情景预测与结果分析

7.1.6.1 自由发展情景预测与结果分析

自由发展情景为不设置任何限制性因素的无约束情景，在国家法律法规允许下，各类用地间均可相互转换，其用地转换成本矩阵见表 7-7，其余参数指标与模拟设置一致。经 FLUS 运算，日照市主城区自由发展情景下的预测土地转换量和空间布局见表 7-8 和彩图 12。

自由发展情景用地转换成本矩阵 表 7-7

	游憩型绿地	反哺型绿地	补偿型绿地	保育型绿地	其他城市建设用地	水域	农林用地	未利用地
游憩型绿地	1	0	0	0	1	0	0	0
反哺型绿地	1	1	1	1	1	0	0	0
补偿型绿地	1	0	1	1	1	0	0	0
保育型绿地	1	0	0	1	1	0	0	0

续表

	游憩型绿地	反哺型绿地	补偿型绿地	保育型绿地	其他城市建设用地	水域	农林用地	未利用地
其他城市建设用地	1	1	1	1	1	0	0	0
水域	0	0	0	1	1	1	0	0
农林用地	1	1	1	1	1	0	1	0
未利用地	1	1	1	1	1	0	1	1

注：1代表可转化，0代表不可转化。

自由发展情景用地转换预测结果

表7-8

单位：个（元胞）

	游憩型绿地	反哺型绿地	补偿型绿地	保育型绿地	其他城市建设用地	水域	农林用地	未利用地
2030 预测	111230	204189	90625	71184	1476760	127791	369413	15471
2020 实际	101605	221737	74344	66986	1312433	129010	540275	20273
数量变化	9625	-17548	16281	4198	164327	-1219	-170862	-4802
占比变化	0.39%	-0.71%	0.66%	0.17%	6.66%	-0.05%	-6.93%	-0.19%

注：负数代表元胞减少量。

　　自由发展情景下各类用地规模变化结果包括：①游憩型绿地、补偿型绿地和其他城市建设用地均有所增加，分别比 2020 年增加了 0.39%、0.66%、6.66%。其中补偿型绿地较游憩型绿地增加较多，主要因为日照市主城区 2020 年原有补偿型绿地数量较少，增长空间大。②保育型绿地增加了 0.17%，说明自然发展情景下，自然生态空间有自发生长的内在驱动力。③水域、农林用地和未利用地分别减少了 0.05%、6.93%、0.19%，说明增加的城市建设用地主要来自于农林用地的转化。④反哺型绿地减少了 0.71%，一方面由于城市建设用地的增长侵占了其周边的反哺型绿地；另一方面，在新增建设用地内由于没有反哺型绿地元胞生长种子，致使新增建设用地内不会增长反哺型绿地，这是 FLUS 模型模拟预测存在的一个不能反映现实情况的弊端。

　　自由发展情景下各类用地空间分布变化结果包括：①建设用地沿交通干线两侧、南部工业区和近郊村庄附近扩展，侵占了城郊的农林用地和部分未利用地，这与城市发展的基本规律相符。②游憩型绿地在污湖和银河公园周边有显著增加，甚至侵占了部分水域，说明游憩型绿地倾向于滨水发展（彩图 13a）。③补偿型绿地沿北京路、山海路等城市主干道、城市中部新石铁路、沿海公路、204 国道两侧发展，充分体现了补偿型绿地的生态功能需求（彩图 13b）。④保育型绿地主要在城市南部奎山周边发展，侵占了部分农林用地，扩大了城中山体的生态保育空间（彩图 13c）。

　　总之，自由发展情景中，在城市建设用地正常增长的自然规律下，游憩型绿地趋向滨水增长，补偿型绿地趋向沿交通干线增长，保育型绿地在自然生态空间自发生长的驱动力下原地增长；城市增长边界内的农林用地是用地转换的主要供给源，相比2020年减少了6.93%，未利用地和水域略有减少；由于FLUS模型在没有元胞种子的情况下不能自发生长出不同类元胞，致使反哺型绿地不能随着城市建设用地的增长而增长，反而因为城市建设用地的增长而被侵占，不符合城市建设规律。

7.1.5.2 经济优先情景预测与结果分析

快速城镇化阶段，乡村人口大量进入城市，导致城市用地规模不断扩张，同时带来丰富的劳动力，增强了生产力，促进了社会经济的发展。经济优先情景是快速城镇化的典型模拟情景，以城市建设用地扩张优先，各种用地类型均可向建设用地转化。同时，游憩型绿地和补偿型绿地作为是城市建设用地中的 G 类用地，与其他城市建设用地一起具有优先转换的优势。经济发展不能打破生态保护底线，因此，在经济优先情景下应引入生态红线约束条件。其用地转换成本矩阵见表 7-9，其余参数指标与模拟设置一致。经 FLUS 运算，日照市主城区经济优先情景下的预测土地转换量和空间布局见表 7-10 和彩图 14。

经济优先情景用地转换成本矩阵　　　　表 7-9

	游憩型绿地	反哺型绿地	补偿型绿地	保育型绿地	其他城市建设用地	水域	农林用地	未利用地
游憩型绿地	1	0	0	0	1	0	0	0
反哺型绿地	1	1	1	0	1	0	0	0
补偿型绿地	1	0	1	0	1	0	0	0
保育型绿地	1	0	0	1	1	0	0	0
其他城市建设用地	1	0	1	0	1	0	0	0
水域	0	0	0	0	1	1	0	0
农林用地	1	0	1	0	1	0	1	0
未利用地	1	0	1	0	1	0	0	1

注：1 代表可转化，0 代表不可转化。

经济优先情景用地转换预测结果　　　　表 7-10

单位：个（元胞）

	游憩型绿地	反哺型绿地	补偿型绿地	保育型绿地	其他城市建设用地	水域	农林用地	未利用地
2030 预测	111426	204188	90625	65539	1476760	127980	374674	15471
2020 实际	101605	221737	74344	66986	1312433	129010	540275	20273
数量变化	9821	-17549	16281	-1447	164327	-1030	-165601	-4802
占比变化	0.40%	-0.71%	0.66%	-0.06%	6.66%	-0.04%	-6.71%	-0.19%

注：负数代表元胞减少量。

经济优先情景下各类用地规模变化结果包括：①游憩型绿地、补偿型绿地和其他城市建设用地均有所增加，增加规模和增加原因与自由发展情景基本一致。②水域、农林用地、未利用地和反哺型绿地均有所减少，减少规模和减少原因与自由发展情景基本一致。③保育型绿地减少了 0.06%，虽然数量不大，但与自由发展情景增加 0.17% 相比，却表现出了质的不同。说明经济优先情景下，对自然绿地的生态保育考虑较少，甚至会牺牲自然生态空间以满足城市建设发展的需求。

经济优先情景下各类用地空间分布变化结果包括：①城市建设用地、游憩型绿地、补偿型绿地的增长空间和分布规律与自由发展情景基本相同。②保育型绿地停止增长甚至被侵占。以奎山为例，自由发展情景下奎山发展侵占了东侧和西侧的农林用地，说明自然生态空间有自发生长的内在驱动力；但是在经济优先情景下，奎山没有增长面积，甚至被建设用地侵占（彩图 15）。

总之，经济优先情景中，城市建设用地、游憩型绿地、补偿型绿地的增长规模和空间分布与自由发展情景基本相同，农林用地、未利用地和水域的减少规模和空间分布也与自由发展情景基本相同。保育型绿地与自然发展情景的发展态势相反，减少了 0.06%，反映出经济优先发展情景存在违背自然生态空间自发生长的现象。

7.1.5.3　生态正义情景预测与结果分析

生态正义思想引导下的城市用地发展，优先考虑游憩型绿地和保育型绿地的发展，为当代和后代人享用生态系统服务留足空间；其次考虑的是反哺型绿地和补偿型绿地的发展，是当代人损害自然生态空间应承担的赔偿责任；再次才是其他城市建设用地的发展。生态正义情景下，引入生态保护红线和生态正义约束条件，使满足生态正义的城乡绿地和空间不再发生转化，把更多的转化份额留给需要提升生态正义空间的城市用地。其用地转换成本矩阵见表 7-11，其余参数指标与模拟设置一致。经 FLUS 运算，日照市主城区生态正义情景下的预测土地转换量和空间布局见表 7-12 和彩图 16。

生态正义情景下各类用地规模变化结果包括：①其他城市建设用地和补偿型绿地增长规模与自由发展情景一致，符合城市建设发展的一般规律。②游憩型绿地和保育型绿地有明显增加，分别比 2020 年增加了 0.44% 和 0.26%。其中保育型绿地的增加量是三种预测情景中最高值，反映出生态正义观对自然生态空间自发生长规律的尊重与保护。③水域和未利用地分别减少了 0.01% 和 0.08%，是三种预测情景中的最低值，同样反映出生态正义观对自然水域和不可建设用地的极少干预，保留城市中的自然空间，疏透了建成区的建筑比例，营造了向好的生态发展态势。④农林用地减少了 7.21%，是三种预测情景中的最高值，说明增加的各类用地基本全部来自于城郊农林用地的转化。

生态正义情景用地转换成本矩阵　　　　　　　　　　表 7-11

	游憩型绿地	反哺型绿地	补偿型绿地	保育型绿地	其他城市建设用地	水域	农林用地	未利用地
游憩型绿地	1	0	0	0	0	0	0	0
反哺型绿地	1	1	1	1	1	0	0	0
补偿型绿地	0	0	1	1	0	0	0	0
保育型绿地	0	0	0	1	0	0	0	0
其他城市建设用地	1	1	1	1	1	0	0	0
水域	0	0	0	1	0	1	0	0
农林用地	1	1	1	1	1	0	1	0
未利用地	1	1	1	1	0	0	0	1

注：1代表可转化，0代表不可转化。

生态正义情景用地转换预测结果　　　　　　　　　表 7-12

单位：个（元胞）

	游憩型绿地	反哺型绿地	补偿型绿地	保育型绿地	其他城市建设用地	水域	农林用地	未利用地
2030 预测	112393	204201	90625	73319	1476759	128833	362326	18207
2020 实际	101605	221737	74344	66986	1312433	129010	540275	20273
数量变化	10788	-17536	16281	6333	164326	-177	-177949	-2066
占比变化	0.44%	-0.71%	0.66%	0.26%	6.66%	-0.01%	-7.21%	-0.08%

注：负数代表元胞减少量。

　　生态正义情景下各类用地空间分布变化结果包括：①建设用地的增长空间和分布规律与自由发展情景基本相同。②游憩型绿地的增长控制了沿大型公园绿地增长的趋势，出现了增长小型绿地的现象，特别是在滨水桥头的位置，反映出游憩型绿地滨水发展和均好性布局规律（彩图 17a）。③补偿型绿地依然沿城市主干道、城市中部新石铁路、沿海公路、204 国道两侧增长（彩图 17b），但减少了在城郊的增长规模，更多地分布在城市内部的交通干线两侧，反映出生态正义观优先考虑对建成区生态环境损害的就地补偿。④保育型绿地依然在奎山周边扩展，并跨越城市支路，侵占了奎山西北部的部分农林用地（彩图 17c），反映出生态正义观对城郊遗留在城市建设用地中的农林用地的生态保育功能转化思想。

　　总之，生态正义情景中，在城市建设用地正常增长的自然规律下，游憩型绿地趋向均好性布局增长，补偿型绿地趋向城市内部交通干线就地补偿增长，保育型绿地在自然生态空间自发生长的驱动力下原地增长；未利用地、水域和被城市建设用地分割遗留的小块农林用地被保留下来，向生态保育功能用地转化；城市增长边界内的农林用地较 2020 年减少了 7.21%，是三种预测情景中减少的最高值，由于城市增长边界内一般没有基本农田，随着城镇化的发展，承担人工种植功能的一般农田因此成为用地转换的主要供给源（彩图 18）。

7.1.6　生态正义导向下的日照市主城区绿地发展策略

（1）绿地空间总量控制与建设引导

无论何种价值观导向的绿地建设，都要有绿地规模的保障。特别是在城市开发边界范围内，城市建设用地的强势发展地位更容易挤占绿地发展空间。生态正义观既要求当代人有公平享用绿地的条件，又要求为后代人和其他物种留下享用自然的空间。因此，在城市开发边界范围内一定要留有足够规模的绿地空间。在日照市主城区规划建设中，在保证绿地空间总量不减少，甚至有所提升的前提下，引导建设用地更新中的增绿建设，努力疏透城市中硬质地表，促使城绿渗透，融合发展。

（2）中小型游憩绿地的均匀分布

城市中大型公园绿地的生态、游憩、景观、避险等综合功能不言而喻，但居住区内部使居民出门即可享用的公园绿地却依然匮乏。正是这些社区公园、口袋公园在城市中的均匀分布，才能使居民在日常生活中公平地享受到自然的福祉。以生态正义观的普惠公平性为原则，日照市主城区应在西北部老城区和东南部石臼区两个人口居住密集区大量增加中小型游憩型绿地。抓住旧城更新的契机为游憩型绿地发展置换保障性用地。

（3）反哺型绿地与城市建设用地的同步增长

观察日照市主城区建设前后的地表情况发现，已批待建或已拆待建区域，基本全部为黄土朝天或防尘网朝天，基地内的原生植被荡然无存；新建成的地块内，绿化空间局促，植被长势不佳。可见，城市建设就是对自然地表的破坏。既然人类为了自身发展的需求破坏了自然，就应该在建设城市时严格履行城市绿化义务，严格执行"绿色图章"制度。在城市新增建设用地审批中，从严考核反哺型绿地的规划建设。提倡保留建设用地中原有植被，进行节约型、低碳化绿地建设。弘扬生态正义，对"自然"这一弱势空间给予关爱。

（4）建成区补偿型绿地的就地增建

在中国快速城镇化过程中，人们只关注修路、盖楼、发展产业的丰功伟绩，却忽略了承担城市生态环境破坏的赔偿责任，最为具体的表现就是缺乏城市防护绿地建设。新石铁路曾是日照港货物运输的主干线，也是日照市经济发展的动脉。随着城市规模的扩展，新石铁路由原来的城郊铁路变为穿越主城区中心的铁路，其对城市环境的噪声、粉尘、废气污染可想而知。观察日照市主城区 2020 年遥感影像发现，新石铁路两侧虽然按规定留出了隔离空间，却没有进行绿化建设，任由杂草丛生，甚至垃圾堆置。因此，建成区补偿型绿地的就地增建成为一件十分迫切且必须为之的事情。生态正义观要求人们必须承担起生态损害赔偿责任，更何况关乎人们自己的生存环境。

（5）保育型绿地的规模保障

生态正义呼吁"地球上不能只有人类"。保育型绿地的建设就是为地球上的其他生物留下生存栖息地。一个物种的栖息地，不仅仅是它居住的巢穴，也不仅仅是它巢穴的周边一块场地，而是它生存的一个稳定的生态系统。要保护一个生态系统，必然要有一定的规模。傅疃河是日照市南部的一条入海河流，河口处形成了河流、浅海、滩涂以及人工湿地构成的滨海型湿地生态系统，原生的生态环境孕育了丰富的动植物资源，成为日照市珍贵的自然资源宝藏。傅疃河河口湿地的保育，不能只包含河口部分，还应将傅疃河以及其上游的日照水库均包含在内，这样才能保证河口的丰富水资源以及稳定的生态系统。因此，保育型绿地的规划建设，应从生态系统保护的角度出发，确定绿地的规模保障。

（6）近郊破碎农田斑块的生态正义转型

在国土空间规划中，城市开发边界的划定较城市建设用地规模要多出一定面积，将近郊一般农田和小规模林地包含在内。随着城市建设用地的扩展，这些农林用地被建设用地分割成破碎化斑块，成为荒地或弃置地。生态正义珍视城市中的每一寸自然空间，应充分利用这些破碎斑块，将其转型为为民服务的游憩型绿地或为后代和其他生物保留的生态保育型绿地。既实现了城乡绿地的节约型、低碳化建设[5]，又为绿地的可持续发展储备了资源。

7.2 济南市行政区城乡绿地时空变化与发展预测

7.2.1 济南市概况与研究数据来源

济南市是山东省会城市，地理位置介于北纬 36°02′~37°54′，东经 116°21′~117°93′ 之间，行政区域总面积 10244.45km²。济南南依泰山，北跨黄河，地处鲁中南低山丘陵与鲁西北冲积平原的交接带上，地势南高北低，由南向北依次为低山丘陵、山前冲积—洪积倾斜平原和黄河冲积平原的地貌形态（图 7-3）[6]。2021 年济南市常住人口 920 万人，地区生产总值（GDP）1.14 万亿元，是环渤海地区南翼中心城市。

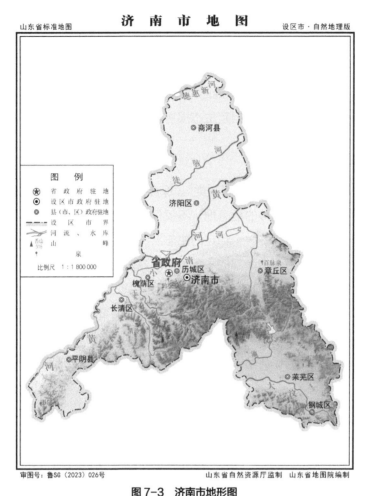

图 7-3　济南市地形图
（地图来源：山东省自然资源厅标准地图，审图号：鲁 SG（2023）026 号）

在济南的城镇化过程中，建设用地不断扩张，城市周边森林、草地和耕地被迅速占用，原始自然生态系统的服务能力降低，区域生态承载力和生态系统自我恢复能力受到破坏[7, 8]。统筹城市建设用地内外的绿地，既是城乡一体化发展的需要，也是城市生产、生活、生态协调发展的需要，对济南市城市绿地可持续发展具有重要意义。

济南市土地利用数据来源于中国科学院空天信息创新研究院（https：//data.casearth.cn/）空间分辨率为 30m 的地表覆盖精细分类产品[9]。城乡绿地与地表覆盖精细产品分类的对应关系如图 7-4 所示。

结合数据的可获取性，最终选取河流、土壤、国内生产总值、人口密度等 18 项影响济南市城乡绿地演变的因子（表 7-13）。

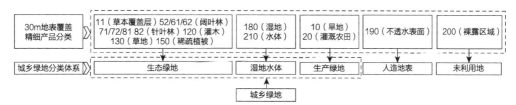

图7-4 城乡绿地分类

济南市城乡绿地演变影响因子数据来源 表 7-13

	驱动因子	来源	年份	数据分辨率
自然属性	河流	OpenstreetMap	—	—
	土壤类型空间分布	资源环境与科学数据中心（https：//www.resdc.cn/）	2003 年	1km
	土壤侵蚀空间分布			
	平均降水量	国家地球系统科学数据中心（http：//www.geodata.cn/）	2019 年 5~8 月	1km
	平均气温			1km
	高程	地理空间数据云（https：//www.gscloud.cn/）	—	30m
	坡度		由 DEM 高程数据计算得到	
社会属性	GDP	资源环境科学与数据中心（https：//www.resdc.cn/）	2015 年	1km
	人口密度	WorldPop（https：//www.worldpop.org/）	2020 年	100m
	一级道路、二级道路、三级道路	OpenStreetMap（https：//www.openstreetmap.org/）	—	—
	高速			
	铁路			
	村落中心、乡镇中心、区县中心、市中心			

7.2.2 斑块生成土地利用变化模拟模型（PLUS 模型）

斑块生成土地利用变化模拟（Patch-generating Land Use Simulation，PLUS）模型是国家 GIS 工程技术研究中心高性能空间计算智能实验室梁迅团队在 FLUS 模型基础上开发的斑块生成土地利用变化模拟模型。PLUS 模型较 FLUS 模型有以下几个优势：①能够通过用地扩张分析策略（Land Expansion Analysis Strategy，LEAS）深度挖掘各类土地利用扩张和驱动因素，获取各类用地发展概率及驱动因素对用地扩张的影响；② PLUS 模型结合随机种子生成和阈值递减机制，能够在邻域没有绿地元胞的情况下，时空动态地模拟绿地斑块的自动生成；③与多目标优化算法耦合，模拟结果可以更好地支持规划政策以实现生态正义。

本次研究首先将城市用地分为城乡绿地、人造地表和未利用地 3 类，其中城乡绿地又分为生态绿地、湿地水体和生产绿地 3 类；其次，将城市用地信息和多种历史演变影响因子输入马尔可夫链模型和 PLUS 模型，通过马尔可夫转移矩阵探究济南市城市绿地转移方向和转移趋势，通过 PLUS 模型的随机森林（Random Forest，RF）分类算法对城市绿地变化驱动因子贡献进行挖掘；最后，基于 PLUS 模型的多类随机斑块种子的元胞自动机（Cellular Automata Based on Multitype Random Path Seeds，CARS）模拟预测 2030 年惯性发展和生态保护双情景下济南市城乡绿地发展趋势。

7.2.2.1　城乡绿地变化驱动力分析（LEAS）模块

PLUS 模型中的土地扩张分析策略模块首先提取两期土地利用变化中各类用地扩张的部分，并从扩张部分中采样，最后采用 RF 分类算法逐一对各类土地利用的驱动因素进行挖掘，获取各类用地的发展概率及该类驱动因素对各类用地扩张的贡献。

RF 算法从原始数据集中抽取随机样本，并最终确定 k 类土地利用类型在单元格 i 上出现的概率 $P_{i,k}^d$，其表达公式如下：

$$P_{i,k}^d(x) = \frac{\sum_{n=1}^{M} I=[h_n(x)=d]}{M}$$

式中，d 的取值范围为 0 或 1，若 $d=1$，表示有其他土地利用类型转变为 k 类土地利用类型；当 $d=0$，表示土地利用类型转变成了除 k 以外的其他土地利用类型。x 是由若干驱动力因子组成的向量，函数 I 是决策树集的指示函数；$h_n(x)$ 是向量 x 的第 n 个决策树的预测类型；M 为决策树的总量。

7.2.2.2　基于多类随机斑块种子的元胞自动机（CARS）模块

在各类用地发展概率的约束下，通过马尔可夫链模型"自上而下"的数量控制和 CARS "自下而上"的空间模拟，对研究区未来城市绿地空间格局进行多情景预测。预测情景可通过邻域因子和转换成本矩阵设置进行刻画。

（1）邻域因子

邻域因子参数代表各地类的扩张强度，反映各地类在空间驱动因子影响下的扩张能力。参数范围为 0—1，越接近 1 时，表明其扩张能力越强。王保盛等对各土地类型的总面积变化 TA（景观指标之一）进行了无量纲处理，使其阈值在 0—1 之间[10]。实践验证，TA 变化的无量纲值在参数的意义上和数据结构上都符合邻域权重的要求。

$$W_i = \frac{TA_i - TA_{min}}{TA_{max} - TA_{min}}$$

其中，W_i 是第 i 类土地类型邻域权重，TA_i 为第 i 类土地利用扩张面积，TA_{min} 为各类土地利用最小扩张面积，TA_{max} 为各类土地利用最大扩张面积。

本研究中，济南市 2010—2020 年土地利用变化模拟预测邻域因子设置参数见表 7-14。

济南市土地利用变化模拟预测邻域因子参数表 表 7-14

用地类型	城乡绿地			人造地表	未利用地
	生态绿地	湿地水体	生产绿地		
邻域因子参数	0.10	0.50	0.39	1	0.48

（2）转换成本矩阵

本研究设置自由惯性发展与生态保护发展两种济南市发展预测情景。

自由惯性发展情景延续济南市 2010—2020 年土地利用变化规律与速率，在自然、人文驱动因子作用下预测未来十年济南市城乡绿地规模变化与空间分布。自由惯性发展情景中，各类用地之间可以相互转换。

生态保护发展情景是以保障济南市生态系统功能为首要目的，设置建设用地可以向其他用地类型转换，生态绿地不允许向其他用地类型转换；湿地水域不可以向其他用地类型转换，生产绿地可以向生态绿地和建设用地转换（表 7-15）。为进一步突出生态保护目的，在马尔可夫链模型转移概率计算时，结合相关政策[11, 12]，将生态绿地向人造地表转换概率减少 50%，湿地水域向建设用地转换概率减少 30%，生产绿地向人造地表转换概率减少 30%；结合当前工矿废弃地复绿和再利用等政策，将未利用地自身转换概率减少至 20%，向生态绿地、生产绿地、人造地表转换概率提升为 40%、20% 和 20%。同时，为保护重要生态用地和自然生态系统，防止生境的退化[13, 14]，将生态保护红线和水域作为生态保护情景预测的约束条件。

济南市双情景转换成本矩阵参数 表 7-15

	自由惯性发展情景					生态保护发展情景				
	城乡绿地			人造地表	未利用地	城市绿地			人造地表	未利用地
	a	b	c	d	e	a	b	c	d	e
a	1	1	1	1	1	1	1	0	1	0
b	1	1	1	1	1	0	1	0	0	0
c	1	1	1	1	1	1	1	1	1	0
d	1	1	1	1	1	1	0	1	1	1
e	1	1	1	1	1	1	1	1	1	1

注：a、b、c、d、e 分别表示生态绿地、湿地水体、生产绿地、人造地表和未利用地。

7.2.2.3 模拟验证

以 2010 年济南市土地利用数据为基础，模拟 2020 年城市绿地布局结果，并与 2020 年济南市实际土地利用数据进行对比。模拟结果的总体精度为 0.95，Kappa 系数为 0.92，FoM 值为 0.095，证明模拟结果与实际土地空间类型具有高度一致性，PLUS 模型适用于济南市行政区城乡绿地模拟预测。

7.2.3　济南市城乡绿地变化特征分析

观察济南市 2000—2020 年各类用地转换对比图（彩图 19）发现，2000—2010 年济南市各类用地之间转换较 2010—2020 年更明显；从 2000 年、2010 年、2020 年三个时间点各类用地占比变化看（表 7-16），济南市各类用地在 20 年间的变化呈现生态绿地减少、人造地表增加、生产绿地相对稳定、湿地水体略有增加的特征。

济南市 2000—2020 年各类用地面积（km²）　　　　表 7-16

	城乡绿地			人造地表	未利用地
	生态绿地	湿地水体	生产绿地		
2000 年	9439.26			792.77	3.66
	5336.02	163.95	3939.29		
2010 年	9081.64			1149.59	4.47
	5007.69	171.28	3902.68		
2000—2010 年面积变化量	-328.33	7.33	-36.61	356.82	0.81
2020 年	8847.37			1382.61	5.72
	4797.87	183.33	3866.17		
2010—2020 年面积变化量	-209.82	12.05	-36.51	233.02	1.25

（1）城乡绿地减少量放缓

在 2000—2010 年间大量人口涌入城市，城市化进程的加快使人造地表迅速扩张，济南市人造地表面积增加 356.82km²，城乡绿地减少 357.62km²；2010—2020 年间城市发展逐渐呈现出由增量向存量的发展趋势[15]，济南市人造地表面积仅增加 233.02km²，城乡绿地减少 234.27km²，较前十年减幅放缓了 34.5%。

（2）生态绿地为主要转出地类

2000—2010 年间，生态绿地和生产绿地呈减少趋势，湿地水体、人造地表和未利用地呈增加趋势。其中生态绿地和生产绿地在 2000—2010 年和 2010—2020 年两个时段分别减少了 328.33km²、36.61km² 和 209.82km²、36.51km²。由此可见，生态绿地是转出量最多的城乡绿地类型，且转出规模放缓。这或许与济南市"创建国家森林城市、建设森林泉城"的行动和《山东省生态保护红线规划（2016—2020 年）》等相关政策约束控制相关。

（3）生产绿地规模相对稳定

生产绿地在2000—2010年和2010—2020年两个时段的转出规模小（36.61km²、36.51km²），且相对稳定，说明我国保护耕地的国策和工矿废弃地复垦、农村建设用地综合治理等措施的实施收到一定成效。

（4）湿地水体略有增加

近二十年来，济南市湿地水体持续增加，2000—2010年增长了7.33km²，2010—2020年增长了12.05km²，虽增长量不大，但也反映出济南为"护泉保泉"作出的努力。例如，2000年建成了鹊山水库和玉清湖水库供水重点工程，2002年启动了生态补源工程等。

7.2.4 济南市城乡绿地变化影响因子分析

彩图20表达了各影响因子对济南市各类用地变化的影响程度，用颜色区分不同影响因子，色块高度反映影响强度。观察发现，自然要素中的距河流距离、坡度、高程和社会要素中的人口密度、GDP、距村落距离对济南市各类用地的变化影响较大。其中，对济南市生态绿地、湿地水体和生产绿地的变化影响因子又略有不同，具体分析如下。

（1）生态绿地变化影响因子分析

影响生态绿地变化的前两位影响因子是高程和人口密度。在城市相对稳定的高程下，高程突变点多为不适宜建设的山地或低谷，因此成为城市荒山绿化和生态修复的重点区域，是生态绿地增长的主要空间。而人口密度高的区域，是城市建设集中区域，缺少生态绿地增长空间，因此人口密度与生态绿地呈现出较为紧密的负相关关系。第三位影响因子是城市GDP，反映出城市荒山绿化和生态修复工程等生态绿化活动需要政府的经济支持。

（2）湿地水体变化影响因子分析

影响湿地水体变化的前3个影响因子是距河流距离、坡度和人口密度。在坡度陡峭、距河流距离较近处易于成为洪涝淤积和泄洪缓冲区，是湿地水体增长的主要空间。人口密度对湿地水体变化具有负相关影响，人口密度越高，湿地水体缩小量越大。

（3）生产绿地变化影响因子分析

影响生产绿地变化的第一位影响因子为距河流距离，表现为距河流距离较近的区域生产绿地增长较明显，这或许与农田灌溉需求有较大关系。其次影响因子为人口密度，其影响原因与生态绿地和湿地水体一致，呈负相关关系。第三位影响因子是高程，高程对气候条件有决定性影响，从而影响着生产绿地的分布和农作物种类。

7.2.5 济南市城乡绿地发展预测

7.2.5.1 自由惯性发展情景

自由惯性发展情景中，预测济南市 2030 年城乡绿地面积为 8616.56km²，其中生态绿地、湿地水体和生产绿地分别为 4595.66km²、193.80km² 和 3827.10km²（表 7-17）。相较于 2020 年，生态绿地和生产绿地呈减少态势，减少率分别为 4.21% 和 1.01%；湿地水体、人造地表和未利用地呈增加态势，增长率分别为 5.71%、16.35% 和 21.09%。2030 年预测增长与减少的地类和规模与 2000—2020 年的趋势基本一致。从发展的空间格局看，中部济南主城区沿边缘呈现东西发散式扩张，南部山区受到山体高程限制，呈现出沿道路交通线延伸与膨胀式发展，"马路村"现象明显（彩图 21）。

济南市 2030 年各类用地发展预测规模（km²）　　　　表 7-17

	城乡绿地			人造地表	未利用地
	生态绿地	湿地水体	生产绿地		
2020 年现状（km²）	8847.37			1382.61	5.72
	4797.87	183.33	3866.17		
2030 年惯性发展情景（km²）	8616.56			1608.65	6.93
	4595.66	193.80	3827.10		
2030 年生态保护情景（km²）	8712.52			1514.54	5.08
	4667.95	192.03	3852.54		
2030 年惯性发展情景面积变化（km²）变化率（%）	−202.21	10.47	−39.07	226.04	1.21
	−4.21	5.71	−1.01	16.35	21.09
2030 年生态保护情景面积变化（km²）变化率（%）	−129.92	8.70	−13.63	131.94	−0.64
	−2.71	4.75	−0.35	9.54	−11.23

总之，在自由惯性发展情景下，人造地表迅速扩张，生态绿地成规模减小，未利用地在无约束下继续扩大，土地利用浪费现象明显，区域生态环境遭到破坏，社会发展与生态安全协同面临风险。

7.2.5.2 生态保护发展情景

生态保护发展情景下，预测济南市 2030 年城乡绿地面积为 8712.52km²，其中生态绿地减少 129.92km²，减少率为 2.71%；湿地水体增加 8.7km²，增长率为 4.75%；生产绿地减少 13.63km²，减少率仅为 0.35%；人造地表小幅度增加，增加面积为 131.94km²，增加率为 9.54%；未利用地向其他用地类型转换增强，未利用地减少 0.64km²，减少率为 11.23%（表 7-17）。从转变的空间格局来看，生态保护发展情景整体发展趋势与自由惯性发展情景相近，但受到生态红线的约束，济南南部山区沿道路发展趋势减弱；受到水体限制发展区的约束，更多水生态空间得到保留（彩图 21）。

总之，生态保护情景下城乡绿地减少速度放缓，减少量较小，生态绿地与生产绿地得到了更好保护，这与当下济南市降低发展速度，提升发展品质的策略不谋而合 [16, 17]。生态保护发展情景的制定对维持区域生态安全格局具有一定作用。

7.2.5.3 双情景比较

（1）主要转入转出地类相同，但规模不同

双情景预测中，人造地表均为最为明显的转入地类，生态绿地与生产绿地均为主要的转出地类。其中，在自由惯性发展情景中，人造地表变化率 16.35%，生态绿地变化率 −4.21%，生产绿地变化率 −1.01%；生态保护发展情景中三种地类变化率分别为9.54%、−2.71%、−0.35%。由此可见，城市发展依然需要人造地表的空间扩展，但生态保护发展情景的用地变化率相对较小，对耕地和绿地的保护性较为明显。

（2）湿地水体出现了相近增长

湿地水体作为城市绿地的一部分，在双情景下的变化率分别为 5.71% 和 4.75%的增长情况，是双情景变化率差异最小的地类。说明湿地水体作为不可建设用地，受人类活动影响小，在自然作用下缓慢增长。

（3）未利用地出现了增减差异

在惯性发展情景中，济南市的未利用地出现了增长的最大变化率（21.09%），而生态保护情景中，未利用地则是减少的最大变化率（−11.23%）。由此可见，自由惯性发展情景较多注重城市人造地表的扩张，对不宜开发建设区域采取荒废闲置的处理方式，存在土地浪费现象，使城市裸露土地面积增长较多。而生态保护发展情景中，一方面控制城市人造地表的扩张，另一方面采取裸露土地的生态修复政策和集约利用土地政策，实现了城市未利用地的负增长。

7.2.6 济南市城乡绿地发展策略

（1）以保护黄河下游和泰山北麓的生态安全格局为城乡绿地发展目标

济南市的地理区位使其在区域发展和生态保护两方面面临着双重机遇与挑战，具有城市发展与生态保护矛盾的代表性。一方面，济南市作为环渤海地区南翼的中心城市和华东地区重要的交通枢纽城市，以打造济南都市圈、发挥省会城市辐射带动能力为目标，具有强大的城市发展机遇与动力，城市建设用地的拓展势在必行。另一方面，济南市作为黄河流域生态保护和高质量发展中心城市之一，肩负着保卫黄河下游生态安全的重任；同时，泰山北麓丘陵山区与济南的城市建设关系由相接到镶嵌，对济南市南部山区的保护与开发利用成为济南市城市生态安全格局和保泉护泉的关键问题。因此，研究济南市城乡绿地发展变化特征，模拟预测绿地空间多种发展模式，有利于在保护黄河下游和泰山北麓的生态安全格局的基础上比选城市发展方案，解决城市发展与生态保护的矛盾。

（2）集约高效利用土地成为建设发展焦点

本次研究发现，在济南市近二十年城市化进程中，建设用地是以侵占生态绿地和生产绿地进行扩张的，这与张琳琳等学者的结论相似，即济南市人造地表大面积增长主要牺牲了大量的农业用地和绿地[18]。根据随机森林算法分析，生态绿地和生产绿地的变化的主要影响因子均包含人口密度因子，说明人口的聚集与城镇化势必会侵占城乡绿地。在不可改变的城镇化发展现实下，如何集约高效地利用土地成为当前城市建设与发展的焦点问题。

（3）未利用地成为解决发展与保护矛盾的关键

本次研究在双情景预测对比中发现，未利用地在不同情景下出现了明显的增减差异，可以为济南市"空心村"现象作出充分解释。农民迁城造成村庄内部房屋闲置，致荒现象严重[7]，最终成为城镇化发展留下的未利用地。自由惯性发展情景下，未利用地因"空心村"现象出现了最大增长，也是造成土地浪费的重要原因。生态保护发展情景中，济南市对废弃地的生态修复、复垦复绿和再利用等集约利用土地的政策，通过转换概率设置加以描述，即将未利用地自身转换概率减少至20%，向生态绿地、生产绿地、人造地表转换概率提升为40%、20%和20%，因此，生态保护情景预测结果出现了未利用地的负增长。

（4）应重视对未利用地相关政策的研究

本次双情景发展预测结果启示我们，可持续的城市发展应确保生态空间发展的优先级，并倡导对未利用地开展生态修复、复垦复绿等多种集约高效利用土地的政策研究。

济南市南部山区生态绿地对涵养"泉城"水源具有重要意义。在济南市总体规划中，以"南美"战略为支撑，充分利用高程和水域的自然优势，划定城市开发边界，统筹管理城乡绿地，保护现有绿地资源；在生态绿地适宜区对土地空间进行拓展增绿，加强生态修复，保障生态绿地的基础地位，实现对济南"绿肺"和泉城"水塔"的保护。

7.3　本章小结

本章以日照市主城区和济南市行政区为例，进行生态正义导向下的城乡绿地发展预测实证研究。

构建日照市主城区城乡绿地数据库。以日照市 2010 年和 2020 年两期卫星遥感影像为底图，参考《日照市城市总体规划（2018—2035 年）》中土地利用现状及规划图，通过目视解译的方法绘制日照市 2010 年、2020 年土地利用矢量图。以生态正义价值内涵为主导，与国家各种现行用地分类标准充分对接，本着无覆盖、无遗漏的原则，将日照市主城区城市用地分为游憩型绿地、反哺型绿地、补偿型绿地、保育型绿地、其他城市建设用地、河流水域、农林用地、未利用地 8 类。根据城乡绿地最小规模的考察，将两期城市用地数据重分类后，形成 10m×10m 的栅格图像以备模拟使用。日照市主城区绿地发展模拟空间变量可分为自然属性变量、社会属性变量和生态正义约束条件三部分。将各变量和约束条件进行归一化处理，以备使用。

用日照市主城区 2010 年和 2020 年两期土地利用数据对 FLUS 模型进行训练、模拟和精度验证。对日照市主城区 2030 年城乡绿地发展预测，共设置了自由发展、经济优先和生态正义三种情景进行预测对比。用转换成本来表征从当前用地类型转换为所需要的类型的困难度，以区别三个发展情景。自由发展情景是不设限制发展条件的模式，各类用地间均可相互转换。经济优先情景是快速城镇化的典型模拟情景，城市建设用地扩张优先，各用地类型均可向建设用地转换。在生态正义情景中，结合生态正义约束规则的限制，优先考虑游憩型绿地和保育型绿地的发展，为当代人和后代人享受生态系统服务留足空间，其次考虑的是反哺型绿地和补偿型绿地的发展，是当代人损害自然生态空间应承担的赔偿责任，再次是其他城市建设用地的发展。

对比三种发展情景的用地规模变化和空间分布变化发现，自由发展情景中，在城市建设用地正常增长的规律下，游憩型绿地倾向于滨水发展；补偿型绿地趋向沿交通干线增长；保育型绿地不断向周边扩展，自发生长；城市增长边界内的农林用地是用地转换的主要供给源，未利用地和水域略有减少，是次要用地供给源。经济优先情景中，增长类用地和减少类用地的规模和空间分布与自由发展情景基本相同，但有一个突出不同点是：保育型绿地与自然发展情景的发展态势相反，不增加反减少，反映出经济优先发展情景存在违背自然生态空间自发生长的现象。生态正义情景中，数量规模上：①游憩型绿地和保育型绿地有明显增加，其中保育型绿地的增加量是三种预测情景中的最高值，反映出生态正义观对自然生态空间自发生长规律的尊重与保护。②水域和未利用地的减少量是三种预测情景中的最低值，同样反映出生态正义观对自然水域和不可建设用地的极少干预，保留城市中的自然空间，疏透了建成区的建筑比例，营造了向好的生态发展态势。③农林用地减少量是三种预测情景中的最高值，说明增加的各类用地基本全部来自于城郊农林用地的转化。空间分布上：①游憩型绿地出现了增长小型绿地的现象，反映出游憩型绿地均好性布局趋势。②补偿型绿地减少了在城郊的增长规模，更多地分布在城市内部的交通干线两侧，反映出生态正义观优先考虑对建成区生态环境损害的就地补偿。③保育型绿地向周边空前扩展，反映出生态正义观对城郊遗留在城市建设用地中的农林用地的生态保育功能转化思想。

最后，基于理论与实证研究，提出了生态正义驱动下的日照市主城区绿地布局策略：绿地空间总量控制与建设引导、中小型游憩绿地的均匀分布、反哺型绿地与城市建设用地的同步增长、建成区补偿型绿地的就地增建、保育型绿地的规模保障、近郊破碎农田斑块的生态正义转型。

济南市的城乡绿地发展模拟案例具有拓展研究范围和应用 PLUS 模型两个新的探索。城乡绿地是人类生存空间中保留或建设的自然区域。日照市的研究范围界定在城市开发边界以内，以城市建设用地上的人工绿地为主，包含少部分自然绿地，缺少对更广阔的自然资源、更丰富的生态系统的涉猎。生态正义的内涵蕴藏着对广大自然资源的保护与抚育，因此，济南市的案例研究进一步扩大研究范围，从更宏观的行政区域尺度研究生态正义的价值内涵与实践意义。

以 2000—2020 年济南市行政区域土地利用数据为基础，采用马尔可夫链模型、PLUS 模型等方法，探究济南市在快速城镇化过程中城乡绿地的时空变化规律及其背后的驱动力；模拟预测济南市 2030 年在自由惯性发展与生态保护发展两种情景下城乡绿地的发展趋势，通过对比分析，为济南市城乡绿地可持续发展提供参考。结果显示：2000—2020 年，济南市城乡绿地面积减少量逐渐放缓，生态绿地减少量最大，生产绿地规模相对稳定，湿地水体略有增加；影响城乡绿地变化的核心驱动力是高程和人口密度，生态绿地的变化受人文因素的影响较大，湿地水体和生产绿地的变化受自然因素影响较大；在双情景模拟预测中，生态保护发展情景的用地变化率相对较小，对耕地和绿地的保护性较为明显；生态保护发展情景实现了城市未利用地的负增长，体现出集约利用土地的优势。

参考文献

[1] 中华人民共和国住房和城乡建设部. 城市绿地分类标准：CJJ/T 85—2017[S]. 北京：中国建筑工业出版社，2017.

[2] 中华人民共和国住房和城乡建设部. 城市用地分类与规划建设用地标准：GB 50137—2011[S]. 北京：中国建筑工业出版社，2011.

[3] 中华人民共和国住房和城乡建设部. 土地利用现状分类：GB/T 21010—2017[S]. 北京：中国计划出版社，2017.

[4] 中华人民共和国自然资源部. 自然资源部办公厅关于印发《国土空间调查、规划、用途管

制用地用海分类指南（试行）》的通知 [EB/OL].（2020-11-17）https：//www.gov.cn/zhengce/zhengceku/2020-11/22/content_5563311.htm.

[5]　王洁宁，刘迪.城郊村庄自然空间在城镇化时序发展中的规划控制策略——以沂南县中疃村为例 [J]. 中国园林，2016，32（6）：27-31.

[6]　济南市人民政府.济南概况 [EB/OL].（2021-07-29）[2021.11.20]. http：//www.jinan.gov.cn/col/col28/index.html.

[7]　王恳，李新举.城镇化背景下济南市土地利用变化驱动机制分析 [J]. 中国人口·资源与环境，2017，27（S2）：151-155.

[8]　王恳，李新举.城镇化驱动下济南市土地利用变化特征 [J]. 山东农业大学学报（自然科学版），2018，49（2）：352-358.

[9]　ZHANG X，LIU L，CHEN X，et al. GLC_FCS30: global land-cover product with fine. classification system at 30 m using time-series Landsat imagery[J]. Earth Syst. Sci. Data，2021，13（6）：2753-2776.

[10]　王保盛，廖江福，祝薇，等.基于历史情景的 FLUS 模型邻域权重设置——以闽三角城市群 2030 年土地利用模拟为例 [J]. 生态学报，2019，39（12）：4284-4298.

[11]　中共济南市委，济南市人民政府.中共济南市委济南市人民政府关于创建国家森林城市 建设森林泉城的意见 [EB/OL].（2010-03-17）[2021.12.20]. http：//www.jinan.gov.cn/art/2010/3/17/art_2004_250311.html.

[12]　山东省生态环境厅.山东省生态红线保护规划 [EB/OL].（2016-10-20）[2021.12.20]. http：//gcc.sdein.gov.cn/dtxx/201610/t20161020_711402.html.

[13]　LI C，WU Y，GAO B，et al. Multi-scenario simulation of ecosystem service value for optimization of land use in the Sichuan-Yunnan ecological barrier, China[J]. Ecological Indicators，2021，132.

[14]　谢高地，张彩霞，张雷明，等.基于单位面积价值当量因子的生态系统服务价值化方法改进 [J]. 自然资源学报，2015，30（8）：1243-1254.

[15]　邹兵.增量规划、存量规划与政策规划 [J]. 城市规划，2013，37（2）：35-37.

[16]　山东省人民政府.山东省人民政府关于印发山东省新旧动能转换重大工程实施规划的通知 [EB/OL].（2018-02-13）[2021.12.20]. http：//fzghc.dzu.edu.cn/info/1038/1211.htm.

[17]　国务院.国务院关于山东新旧动能转换综合试验区建设总体方案的批复 [EB/OL].（2018-01-10）[2021.12.20]. http：//www.gov.cn/zhengce/content/2018-01/10/content_5255214.htm.

[18]　张琳琳，孔繁花，尹海伟，等.基于景观空间指标与移动窗口的济南城市空间格局变化 [J]. 生态学杂志，2010，29（8）：1591-1598.

8

结论与展望

8.1 主要结论

8.1.1 生态正义的价值内涵

生态正义源起于西方 20 世纪 80 年代的环境正义（Environmental Justice）运动。从研究内容来看，生态正义研究起初关注的是环境威胁的不平等分布，如垃圾掩埋场、发电厂等邻避设施；后来开始关注到环境资源的不均匀分布，如公园绿地、开放空间等良善设施；随着马克思主义哲学等学科的介入，生态正义概念拓展到人与自然融合发展的研究范畴。

罗尔斯在《正义论》中提出了著名的正义原则："自由""差异""优先"，即正义除了公平的内涵外，还要考虑最少受惠者的利益，弱势群体的利益，具有补偿性。因此，生态正义是以生态环境为中介的人与人之间权利和义务关系，具有公平性、补偿性和继承性。

生态正义包含代内正义和代际正义两个层面。代内正义主要从空间层面探讨一定社会关系下的相对公平，包含分配资源、权益，分担义务、责任，补偿最少受惠者三方面的内涵。代际正义是从时间层面探讨当代人与后代人之间对自然资源的权利与义务，是促使生态系统可持续发展的核心要义。

8.1.2 城乡绿地布局的主要影响因素

研究通过文献计量法和地理探测器归因法，探讨了城乡绿地布局的主要影响因素。通过对中外文献的计量与调查等理论分析，发现地形地貌、水文条件、气候条件等 3 项自然影响因素和城市空间布局、历史文化、经济发展、人口密度、政策法规等 5 项人文影响因素是学界普遍认同的对城乡绿地布局具有重要影响的因素。

以日照市主城区为实证分析研究区域，将遴选出的 8 项影响因素空间化，用地理探测器（GeoDetector）加以归因分析，量化各影响因子的影响力水平。研究发现：①自然环境影响因子中坡度和距水域距离是影响城乡绿地布局的核心因素。坡度与绿地布局呈正相关趋势，即坡度由高到低与城乡绿地密度由大到小的空间分布具有较高的一致性。城乡绿地密度与距水域距离呈现负相关，距离水域越近，绿地密度越高。②人文社会因素中 GDP 均值、人口密度和政策性绿地对城乡绿地具有显著影响，其中 GDP 均值对城乡绿地布局的解释力最强。③在双因子交互探测中，发现据水域距离因素与其他影响因素的协同解释力强度明显增大，水文条件协同可激发绿地发展。

这个研究结论对城乡绿地的规划布局和科学发展指明了空间落脚点和发展驱动力，在城乡绿地规划与建设中提出三方面发展策略，即尊重自然、顺应自然本底，经济支持、保障绿地品质，政策引导、树立生态正义价值观。

8.1.3 生态正义对城乡绿地布局的影响机制

公平性、补偿性、继承性构成生态正义价值体系要素；游憩型绿地、反哺型绿地、补偿型绿地、保育型绿地构成了城乡绿地的空间载体要素；城市自然与人文条件构成城乡绿地布局的外部影响因素。以生态正义价值体系要素为主导，城乡绿地布局外部影响因素为辅助，共同作用于城乡绿地物质载体要素，推导出生态正义对城乡绿地布局的内部作用机制：从代内正义和代际正义两个层面演绎出的公平性、补偿性和继承性价值理念是影响城乡绿地布局的核心驱动力；结合与城乡绿地布局的空间维度和时间维度上的联系，推演出生态正义影响城乡绿地布局的基本逻辑，即平等分配城乡绿地资源、平等履行城乡绿化义务、合理分担城乡生态损害赔偿责任、正当保护与修复城乡自然生境；在外部影响因素的共同作用下，进一步从定性和定量两个方面明确生态正义对城乡绿地布局的作用路径。

基于代内正义的公平性价值理念，演绎出平等分配城乡绿地资源和平等履行城乡绿化义务的影响逻辑。结合城乡绿化建设实际，重点考虑人口和经济等影响因素，提出游憩型绿地和反哺型绿地的概念。其中，游憩型绿地以城市公园绿地为主，郊野风景游憩绿地为辅，提出基本的人均配量标准和均好性布局原则，以城市公园服务半径覆盖率指标来测度。反哺型绿地以城市附属绿地为空间载体，以底线控制、生态优先、以人为本为原则，提出各类城市建设用地对原始土地植被的保留与重建的量化标准和指标体系，以城市各类用地的绿地率来测度。

基于代内正义的补偿性价值理念，演绎出合理分担城乡生态损害赔偿责任的影响逻辑。受到城市历史文化、空间结构的影响，需要一定的行政法规来保障生态损害赔偿责任的履行。因此，提出补偿型绿地的概念，主要指城市中人工种植的各类防护绿地，通过就地补偿和迁地补偿加以实现，用防护绿地实施率指标进行测度。就地补偿应根据建设场地对环境的危害程度，确定合理的绿地结构与规模。迁地补偿可通过碳汇计量法和生态系统服务价值法计算中和环境污染所需绿地的规模，在城市周边进行补偿性绿化。

基于代际正义的继承性价值理念，演绎出正当保护与修复城乡自然生境的影响逻辑，结合地形、水体、气候等自然影响因素，提出保育型绿地的概念。保育型绿地除了包含生态保护体系的绿地外，还包含城市受损弃置地，强调绿地建设中除了生态保护，还要抚育修复。保育型绿地无规模要求和限制，只提出边界划定原则，即空间的完整性、植被的原生性、方法的科学性和边界的协调性。

8.1.4 日照市主城区城乡绿地发展预测多情景比较

山东省日照市是 20 世纪 80 年代末新设立的地级市，是伴随着中国绿化政策更迭成长起来的年轻城市，具有丰富的自然资源和政策印记的城市绿化。作为新型工业产业港口城市和国家可持续发展实验区，日照市正努力探索一种适应新时代发展需求的城乡绿地发展路径。以日照市主城区为例，设置了自由发展、经济优先和生态正义三种情景进行城乡绿地发展预测与对比。

用转换成本来表征从当前用地类型转换为所需要的类型的困难度，以区别三个发展情景。自由发展情景是不设限制发展条件的模式，各类用地间均可相互转换。经济优先情景是快速城镇化的典型模拟情景，城市建设用地扩张优先，各用地类型均可向建设用地转换。在生态正义情景中，优先考虑游憩型绿地和保育型绿地的发展，为当代人和后代人享受生态系统服务留足空间，其次考虑的是反哺型绿地和补偿型绿地的发展，是当代人损害自然生态空间应承担的赔偿责任，再次是其他城市建设用地的发展。

对比三种发展情景的用地规模变化和空间分布变化发现：

自由发展情景中，在城市建设用地正常增长的规律下，①游憩型绿地在泻湖和银河公园周边有显著增加，甚至侵占了部分水域，说明游憩型绿地倾向于滨水发展；②补偿型绿地趋向沿交通干线增长；③保育型绿地主要在城市南部奎山周边发展，扩大了城中山体的生态保育空间；④城市增长边界内的农林用地是用地转换的主要供给源，未利用地和水域略有减少，是次要用地供给源。

经济优先情景中，增长类用地和减少类用地的规模和空间分布与自由发展情景基本相同。但有一个突出不同点是：保育型绿地与自然发展情景的发展态势相反，不增加反减少。仍以奎山为例，自由发展情景下奎山侵占了东侧和西侧的农林用地，说明自然生态空间有自发生长的内在驱动力；但是在经济优先情景下，奎山没有增长面积，甚至被建设用地侵占。反映出经济优先发展情景存在违背自然生态空间自发生长的现象。

生态正义情景中，规模上：①游憩型绿地和保育型绿地有明显增加，其中保育型绿地的增加量是三种预测情景中最高值，反映出生态正义观对自然生态空间自发生长规律的尊重与保护；②水域和未利用地的减少量是三种预测情景中的最低值，同样反映出生态正义观对自然水域和不可建设用地的极少干预，保留城市中的自然空间，疏透了建成区的建筑比例，营造了向好的生态发展态势；③农林用地减少量是三种预测情景中最高值，说明增加的各类用地基本全部来自于城郊农林用地的转化。空间分布上：①游憩型绿地出现了增长小型绿地的现象，反映出游憩型绿地均好性布局趋势；②补偿型绿地减少了在城郊的增长规模，更多地分布在城市内部的交通干线两侧，反映出生态正义观优先考虑对建成区生态环境损害的就地补偿；③保育型绿地依然在奎山周边扩展，并跨越城市支路，侵占了奎山西北部的部分农林用地，反映出生态正义观对城郊遗留在城市建设用地中的农林用地的生态保育功能转化思想。

8.1.5　济南市行政区城乡绿地时空变化与发展预测

济南市的地理区位使其在区域发展和生态保护两方面面临着双重机遇与挑战。本书将研究区拓展到行政区域，应用能够自动生成绿地斑块的土地利用模拟模型（PLUS模型）进行城乡绿地时空变化分析与发展模拟预测。研究发现，济南市各类用地在20年间的变化呈现生态绿地减少、人造地表增加、生产绿地相对稳定、湿地水体略有增加的特征；造成济南市城乡绿地变化的主要影响因子是高程和人口密度；在发展模拟预测中，生态保护发展情景的用地变化率相对较小，且实现了城市未利用地的负增长，体现出集约利用土地的优势。因此，未利用地成为解决发展与保护的矛盾的关键，应重视对未利用地相关政策的研究，并加以集约高效利用，以实现城市建设与保护生态格局的和谐发展。

8.1.6　生态正义导向下的城乡绿地布局原则与发展策略

基于生态正义对城乡绿地布局影响机制的理论研究和生态正义导向下的城乡绿地发展模拟与预测的实验研究，本书在理论层面总结归纳出生态正义驱动下的城乡绿地布局原则，即以普惠公平为前提、以开放系统为目标、空间上全覆盖、时间上可持续；在实践层面提出生态正义导向下的城乡绿地发展策略，即①绿地空间总量控制与建设引导，②中小型游憩绿地的均匀分布，③反哺型绿地与城市建设用地的同步增长，④建成区补偿型绿地的就地增建，⑤保育型绿地的规模保障，⑥近郊破碎农田斑块的生态正义转型。希望在国土空间规划背景下，为城市生态空间规划提供生态正义价值观指导的规划思路。

8.2 研究展望

8.2.1 生态正义驱动下的城乡绿地布局方法与模式研究

本书通过建立生态正义价值体系与城乡绿地布局的空间维度和时间维度上的联系，探究生态正义对城乡绿地布局的影响机制；通过对城乡绿地的再分类，从定性和定量两个方面构建生态正义驱动下的城乡绿地布局方法与策略。但目前基于生态正义观的城乡绿地布局方法的理论性、系统性和可操作性不强，需要进一步的总结和实践。通过学习与参与多种城乡绿地系统规划实践，梳理总结生态正义驱动下的城乡绿地布局模式是今后继续深入研究的方向。

8.2.2 生态正义驱动下的城乡绿地布局实践路径创新

城市绿地布局的实践路径往往只有由规划到建设两步完成，但规划的宏观格局到建设的具体操作之间存在很大的距离，实践过程难免出现走样和偏差。标准化是理论到实践的技术支撑，也是新思想新理论落地实施的基本路径。通过实施过程技术标准体系的构建，在规划与建设环节之间架起桥梁，保障规划布局意图不走样无差错地落实在建设中。生态正义驱动下的城乡绿地布局实践路径创新将是新时代城乡绿化治理现代化的研究热点。

8.2.3 生态正义的司法与制度保障

补偿型绿地建设一直没有受到足够重视，一方面是由于人们缺乏生态正义价值观，另一方面是监督司法的缺位。生态正义的实现，必须有程序正义的保障。程序正义是指所有相关利益者都可以获得信息并充分参与决策的过程[1]，罗尔斯认为"只有过程中程序的正义，才能实现结果的正义。"[2, 3] 按照雪莉·阿恩斯坦的市民参与阶梯理论，公众参与模式按公众参与的程度，分8种层次：操纵、引导、告知、咨询、劝解、合作、授权和公众控制。只有当公众与决策者之间进行"合作"时，才进入深度参与阶段[4]。叶林借鉴协作式、沟通规划理念，设计的促进公众参与的城市绿色空间规划程序分为4个阶段、6个步骤[5]。2015年武汉东湖绿道规划是国内首次由公众主导具体绿地项目的规划，过程中通过在线规划平台，公众可以进行线路方案和相关设施布点建议，体现了公众意愿和专业意见的协调。

法律法规是推广社会主流价值的重要保证。只有把社会主义核心价值观贯彻到依法治国、依法执政、依法行政实践中，落实到立法、执法、司法、普法和依法治理各个方面，才能用法律的权威来增强人们培育和践行社会主义核心价值观的自觉性[6]。生态正义的司法与制度保障研究也是今后一个很重要的研究方向。

参考文献

[1]　LAURENT E. Issues in Environmental Justice with-in the European Union[J]. Ecological Economics，2011，70（11）: 1846-1853.

[2]　黄东流，张旭，刘娅 . 多维信息分类方法研究——以政府科技管理决策信息为例 [J]. 情报杂志，2013，32（5）: 158-165.

[3]　赵兵，李露露，曹林 . 基于 GIS 的城市公园绿地服务范围分析及布局优化研究——以花桥国际商务城为例 [J]. 中国园林，2015，31（6）: 95-99.

[4]　ARNSTEIN S. A Ladder of Citizen Participation[J]. Journal of the American Institute of Planners，1969（35）: 216-224.

[5]　叶林，邢忠，颜文涛等 . 趋近正义的城市绿色空间规划途径探讨 [J]. 城市规划学刊，2018（3）: 57-64.

[6]　中共中央办公厅 . 关于培育和践行社会主义核心价值观的意见 [M/OL].（2013-12-23）[2023-9-8]. https：//www.gov.cn/jrzg/2013-12/23/content_2553019.htm.

附录：彩图

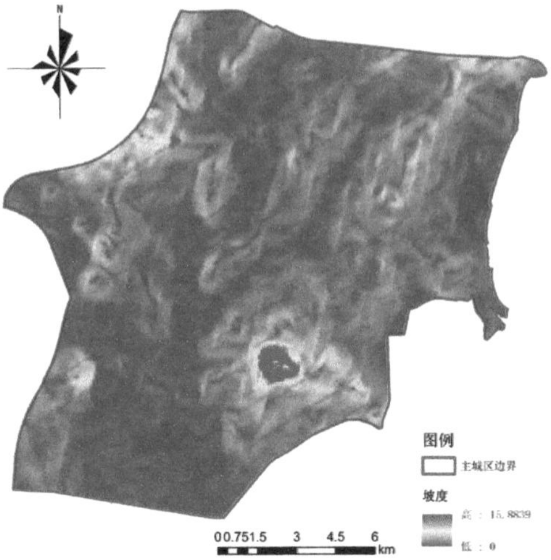

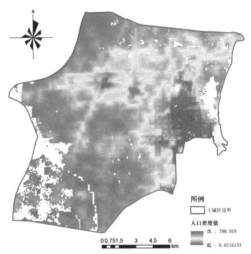

彩图 1 日照市主城区坡度分析图

图例
主城区边界
坡度
高：15.8839
低：0

0 0.75 1.5   3   4.5   6
km

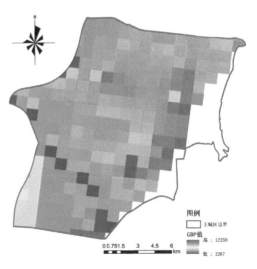

彩图 2 日照市主城区人口密度图

图例
主城区边界
人口密度值
高：769.019
低：0.0216133

0 0.75 1.5   3   4.5   6
km

彩图 3 日照市主城区 GDP 空间分布公里网格

图例
主城区边界
GDP值
高：12359
低：2267

0 0.75 1.5   3   4.5   6
km

彩图 4　日照市主城区城乡绿地布局影响因子

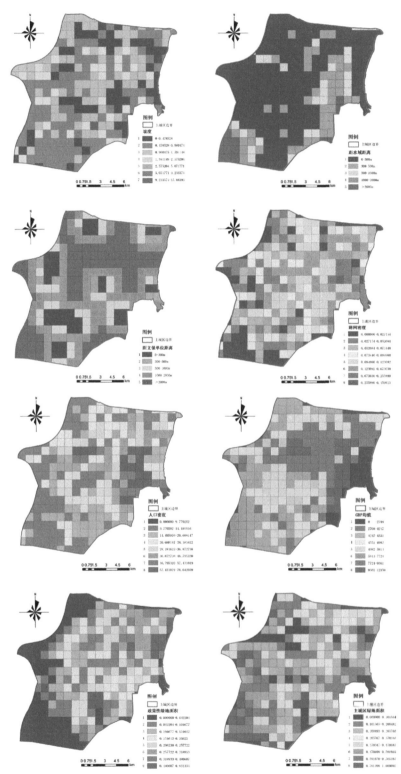

彩图 5　日照市主城区城乡绿地布局影响因子空间分类图

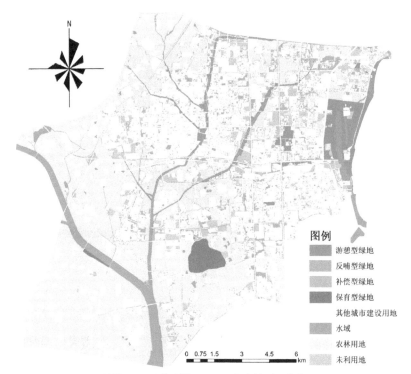

彩图 6　日照市主城区 2010 年土地利用分类图

彩图 7　日照市主城区 2020 年土地利用分类图

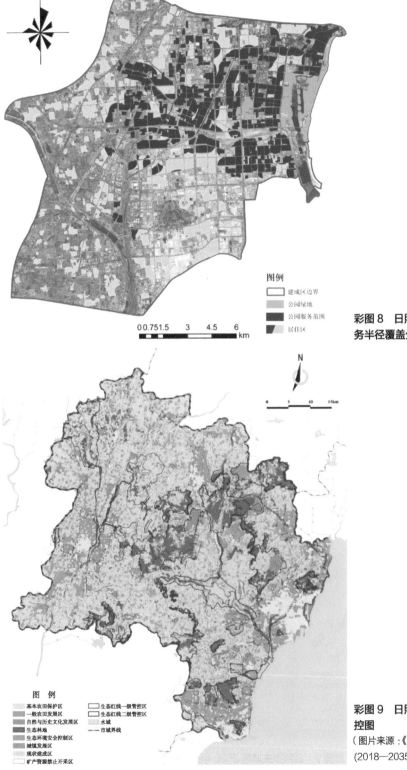

图例

建成区边界
公园绿地
公园服务范围
居住区

0 0.75 1.5　　3　　4.5　　6
km

彩图 8　日照市主城区公园服务半径覆盖分析图

图例

基本农田保护区　　生态红线一级管控区
一般农田发展区　　生态红线二级管控区
自然与历史文化发展区　　水域
生态林地　　市域界线
生态环境安全控制区
城镇发展区
现状建成区
矿产资源禁止开采区

彩图 9　日照市域生态红线管控图

（图片来源：《日照市城市总体规划
(2018—2035 年)》）

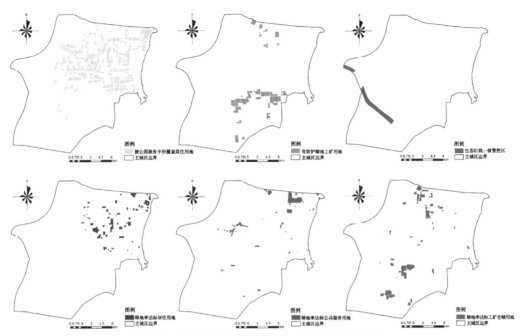

彩图 10 日照市主城区绿地发展生态正义分类约束条件

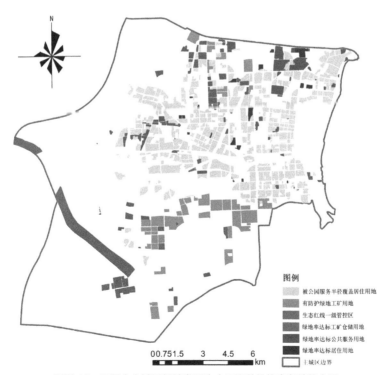

彩图 11 日照市主城区绿地发展生态正义总体约束条件整合图

图例
被公园服务半径覆盖居住用地
有防护绿地工矿用地
生态红线一级管控区
绿地率达标工矿仓储用地
绿地率达标公共服务用地
绿地率达标居住用地
主城区边界

图例

- 游憩型绿地
- 反哺型绿地
- 补偿型绿地
- 保育型绿地
- 其他城市建设用地
- 水域
- 农林用地
- 未利用地

0 0.75 1.5   3   4.5   6 km

彩图 12 日照市主城区自由发展情景下的预测空间布局

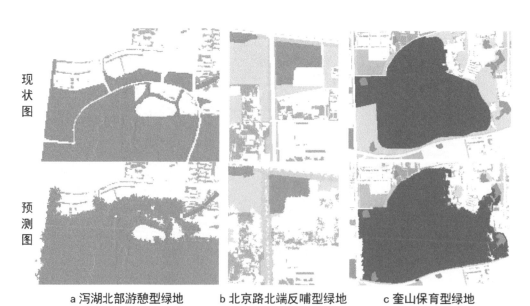

现状图

预测图

a 泻湖北部游憩型绿地   b 北京路北端反哺型绿地   c 奎山保育型绿地

彩图 13 日照市主城区自由发展情景下的预测空间变化局部详图

图例

▬ 游憩型绿地
▬ 反哺型绿地
▬ 补偿型绿地
▬ 保育型绿地
其他城市建设用地
▬ 水域
农林用地
未利用地

彩图 14 日照市主城区经济优先情景下的预测空间布局

现状　　　　　　　　　　自由发展情景　　　　　　　　　　经济优先情景

彩图 15 奎山保育型绿地自由发展情景与经济优先情景下的空间变化对比图

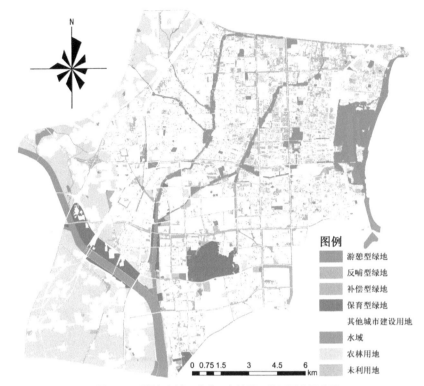

图例

游憩型绿地
反哺型绿地
补偿型绿地
保育型绿地
其他城市建设用地
水域
农林用地
未利用地

0 0.75 1.5   3   4.5   6
km

彩图 16　日照市主城区生态正义情景下的预测空间布局

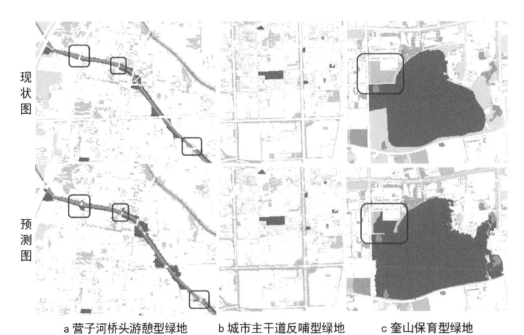

现状图

预测图

a 营子河桥头游憩型绿地　　　b 城市主干道反哺型绿地　　　c 奎山保育型绿地

彩图 17　日照市主城区生态正义情景下的预测空间变化局部详图

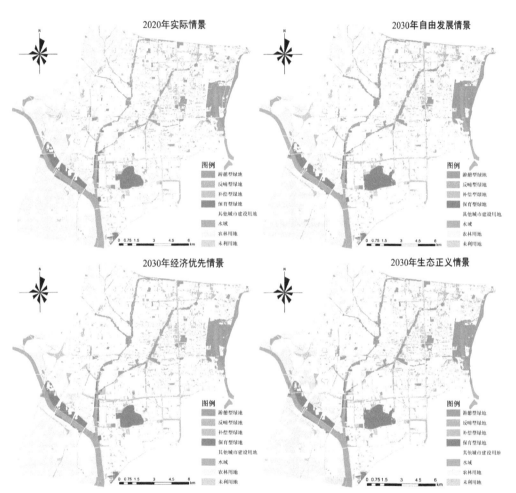

彩图18 日照市主城区多情景预测空间布局对比图

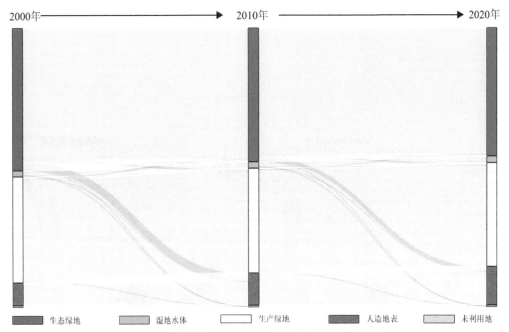

彩图 19　济南市 2000—2020 年各类用地转换对比图

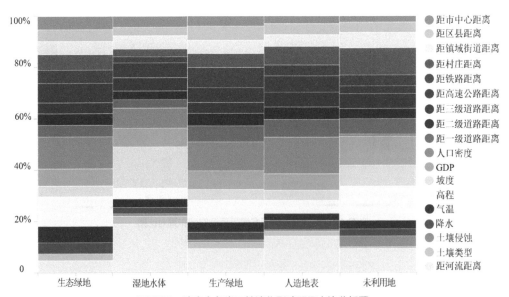

彩图 20　济南市各类用地演化影响因子占比分析图

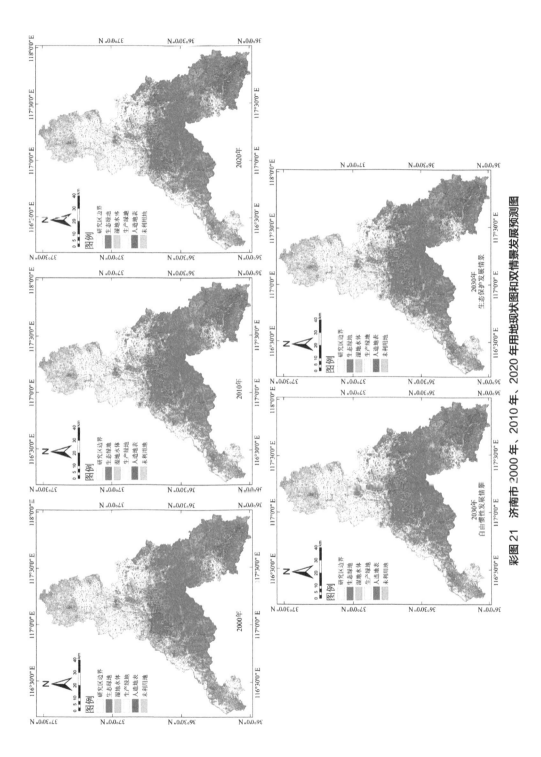

彩图 21　济南市 2000 年、2010 年、2020 年用地现状图和双情景发展预测图

彩图 22　基于防护绿地营建的泰钢旧厂更新改造设计
（图片来源：王震、秦兴毅、刘昕、王竟宜绘）

后 记

本书是国家自然科学基金青年基金项目资助的科研成果。在研究期间，来自各方不同形式的帮助和支持使得本书得以顺利完成。

全书的研究框架、技术方法和主要观点由我与课题组成员共同完成。课题组成员包括王文超、海蒙蒙、张莎莎、徐一丹、卢月、李翔宇、邢风璇等硕士研究生。感谢他们在数据调研、分析、成图、校对等工作中做出的贡献。在与他们共同研究的过程中充满了快乐与正能量，风雨无阻的例会讨论常常迸发创新的火花。

感谢我的母校南京林业大学，以及在求学和本书撰写期间给予我指导、建议和关怀的各位师长，他们是风景园林学院的王浩教授、张青萍教授、唐晓岚教授、赵兵教授、汪辉教授、严军教授、芦建国教授、谷康教授、邱冰教授以及马克思主义学院的刘海龙教授。

感谢上海市园林科学规划研究院张浪院长，同济大学王云才教授、金云峰教授，东南大学成玉宁教授、李哲教授，南京师范大学周年兴教授，南京农业大学郝日明教授在本书研究过程中的指导，各位专家严谨的学术态度和深厚的专业功底拓展了我的学术视野，点拨了我的学术品性。

感谢日照市住房和城乡建设局、城市管理局的相关领导与人员在日照市城市绿化遥感调查工作中的配合与帮助。

限于笔者学术水平有限，文中观点若有不当之处，敬请批评指正。希望本书能够引发更多学者对生态正义的关注与思考，谨此抛砖引玉。

王洁宁

二○二二年六月六日